専修大学社会科学研究所 社会科学研究叢書 9

都市空間の再構成

黒田彰三 編著

専修大学出版局

まえがき

本書は，専修大学社会科学研究所 2003 年度と 2004 年度の「特別研究助成」の成果の公表である。

この研究メンバーは最初，福島義和所員，小西恵美所員そして小生の 3 名で，「英国の都市研究」というかなり漠然としたテーマで始まった。小西所員は教養の英語担当として専修大学経済学部に赴任されていたが，本来の研究テーマは英国の都市史であることから，既に英国の都市を地理学的に研究されていた福島所員と話し合って，共同研究を開始したのである。黒田はもともと日本の地域開発を，経済立地論を道具として分析していくことを目的としていた。しかし地域開発の結果としての都市化に伴う問題が日本では重要になり，その先進国としての英国の都市政策と都市計画に関心を持つようになっていた。こうした 3 人が集まり，更にアメリカ文化を研究されている黒沢眞里子所員が研究グループに加わり，積極的に研究会を開催して，お互いの研究内容を深めていくようになった。さらに徳田賢二所員にも呼びかけて仲間を増やし，海外で研究中であった坂井文先生（現在北海道大学助教授）や当時筑波大学大学院生だったマルコ・アマティ氏（現在ニュージーランド，マッシー大学専任講師）にも加わっていただいた。

専修大学社会科学研究所からは研究助成も頂けるようになり，いろいろな方を招いて研究会を重ねてきた。またアメリカ（ボストン，ニューヨークそしてラドバーン）とイギリス（ロンドン，レッチワース，ウェリン，そしてキングスリン）にはそれぞれの専門の人が中心になって現地調査も行った。これは大変良い勉強になった。無論良い思い出にもなった。次頁に，それらの日付と内容を列挙しておく。

テーマ：近代及び現代の都市施設の役割と景観管理の日米英比較

日付	研究会テーマ	報告者
2003 年 6 月　3 日	アメリカ田園墓地	黒沢眞里子
7 月 15 日	失われた景観（福島） 遷都問題（徳田）	福島義和，徳田賢二
9 月 15 日	イギリス田園都市の社会学	西山八重子
11 月 18 日	都市中心部における小規模オープンスペースの確保に関する歴史的研究	坂井文
	ロンドングリーンベルト計画の策定に関わるグループの役割	マルコ・アマティ
2004 年 1 月 23 日	イングランド地方都市行政とコミュニティの変化	小西恵美
3 月 17 〜 22 日	米国，ボストン，ニューヨーク及びラドバーン見学	
4 月 27 日	アメリカの田園墓地と田園都市（3 月の訪問記録）	黒沢眞里子
5 月 29 日	アメリカの田園都市ラドバーン訪問記	黒田彰三
6 月 19 日	1930 年代グリーンベルト設置時における土地所有者，政府，プランナーの動向	マルコ・アマティ
6 月 29 日	田園調布の歴史と現在	江波戸昭
8 月 26 日	ガーデンシティの現地調査	黒田彰三
8 月 28 日	キングスリン現地調査	小西恵美
12 月 10 日	緑園都市をめぐって	佐藤俊雄

我々のグループの研究内容は，先進国の都市が直面している問題を特に居住環境との関わりで最適な都市空間の構成はどうあるべきかを見ることであった。これまでは働く場所，或いは経済成長の源になる場所として都市を考えてきていることが多かった。しかしアメリカ，イギリスや日本を始めとする先進国では一応の経済成長を遂げて，物的な満足から質的精神的満足の方に重点が移ってきている。それを都市で満足させるためには単に物的な社会資本を適正に建設・配置して充実するだけでは不十分で，それらの外形（デザイン）や材質から維持・管理のあり方までを考え直すことが要求された。さらには民間資本或いは個人資本の存在の仕方が都市内部では特に周辺から影響を受けるだけでなく周辺にも影響を及ぼすという外部性或いは公共性という点からも，規制が特に土地利用と建物に対して求められるようになった。それは都市生活が安全，便利，快適であることが要求されることだけでなく一体としての都市が美しい環境を形成していることが要求されてきているのである。都市に対してそこでの生活が自然災害や交通事故などから安全で，通勤や通学そして買い物・旅行に便利であり，適切な広さと豊かな緑を持つ公園の必要が満たされているだけでなく，そこの環境が住む人だけでなく訪れる人々に対しても美しさを感じさせ，心安らぐ空間であることを期待されているのである。そういった条件を満たす都市の形成には行政（地方政府）と居住する市民だけでなく，都市計画の専門家，開発業者，そして非営利組織の人々が対等の立場で参加する，すなわちパートナーシップのもとで話し合い，協力のがなければならないことは一般に合意されている。しかし現実には「合意形成」の場が「利害対立」の場であることの明らかである。これを克服する解答はまだないようである。

更に現在の都市問題は「地球環境問題」からの規制も求められている。すなわち地球温暖化に対する対策である。郊外開発の結果としての緑地の減少，郊外からの遠距離自動車通勤により二酸化炭素の排出量の増大への対処である。さまざまな対策が考えられるが，土地利用からは「コンパクトシティ化」が一番ポピュラーである。また再開発ではかつて工場として利用されていた土地の再利用が優先されるべきで，都市再生が目指されている。

上の問題に対して，佐藤さんはラドバーン方式の日本版としての緑園都市を，徳田さんはレッチワースの日本版としての田園調布を，坂井さんは私的空間がいかに公的な空間に変化していくか，マルコ氏は都市と農村を分かつグリーンベルトの形成が東京とロンドンでいかに異なるかを，黒沢さんはハワードの田園都市の考え方がアメリカでどのように受け容れられているかを，研究対象として進めてこられた。徳田さんは田園調布にお住まいを持ち，佐藤さんは緑園都市にお住まいを持っておられることも考慮してのテーマ選びであった。また専修大学国際経済学科に客員教授としてお見えになっていたレディング大学デービッド・フット先生にもこのグループの研究テーマに相応しいテーマで寄稿していただいた。上首尾に成果がまとめられているかは読者諸氏の判断に委すしかない。

最後に助成の成果の刊行まで吾々の研究活動のご協力下さった方々にお礼を申し上げなければならない。全ての人をあげることは不可能である。英米で調査に協力下さった現地の方々，日本での聞き取り調査に協力下さった方々，お名前をあげられない失礼をご容赦願いたい。最後に専修大学社会科学研究所と専修大学出版局にお礼を言わなければならない。刊行に関しては出版局の笹岡五郎氏には特にお世話になった。特別の補正予算を組んで出版助成下さった学校法人専修大学にもお礼申し上げる。

平成 19 年 3 月 8 日

執筆者を代表して　　黒田彰三

目　次

■第Ⅰ編■

持続可能な都市に向けて

第1章
「都市計画」にみる「持続可能性」と「美」

黒田 彰三

1. 序

先進国が直面している都市問題は多岐にわたっている。かつては公衆衛生，貧困，犯罪，住宅供給問題が主なものであった。しかし 21 世紀の現代では，都市への人口と諸々の活動の集中に伴う「過密問題」，自動車利用の普及とそれに関連した「郊外開発と遠距離通勤」，地球環境問題を考慮した「土地利用規制」，そして成熟経済の結果としての「生活の質の向上」とそれに関わる「居住環境整備」への要求の高まり，さらには「脱工業化」に伴う新たな発展の方向の模索といった大きな問題までが中心的な問題である。無論，発展途上国における都市問題はこれらとは異なる。ここで議論するのは現在の先進諸国における都市問題への対応である。

この都市問題をすべて対象として議論することは私の能力をはるかに超えている。ここでは自分たちの住む地球を守り，良い環境を維持・形成していくための都市計画を考えたい。

誰しも否定することの難しい問題の一つが，地球環境問題とかかわる持続可能な開発である。これまで産業優先，自動車利用の普及，郊外開発による居住生活の改善が都市における土地利用のあり方を支配してきた。しかしこの結果，地球環境問題で総称される温暖化，生物多様性の減少，化石燃料の枯渇や地球のもつ自浄能力の限界も明らかになっている。すべてが都市の土地利用が原因となるのではないが，多くが密接に関わっている。

地球環境問題に対する都市計画・土地利用規制の対応は「コンパクトシティ」が最も代表的である。これは「こぢんまりとした都市」と訳されていることが多い。都心部に公共施設を中心とした必要な機能を計画的に集中立地させ，目的地への移動の時間と距離を減らすことを目的とするものである。それは都市の郊外への外延的拡大を極力抑え，都心への移動および都心内部での移動は原則として公共交通か自転車か徒歩で可能な都市施設の配置とそれに対応した交通体系をもった町に変えていくのである。全世界的な問題へそれぞれの都市はどのように具体的に対応しようとしているかを見る。

次に取り上げる問題は，個別の都市が自然的，歴史的特徴をもって存在しているが，そうした特徴を如何に活かし，都市を発展させていくかを見ることである。これまでの日本の都市計画は戦災復興から経済優先・産業優先の産業基盤整備と土地区画整理事業が中心であった。経済優先・産業優先の産業基盤整備は，その時代，その場所に相応しい産業の「立地条件」を満たす社会資本整備を急がせたことである。それは立地企業のもたらす地域への多様な経済効果が期待されて，そうした戦略が採られたのである。土地区画整理事業は，既存の旧来の市街地を現代的な市街地に変えていくこと，すなわち自動車社会への対応や自然災害や犯罪から安全な町にしていくための政策であった。

一応の経済的な成熟を見た我が国では，21 世紀のこれからは基本的には個人が生活を送る居住環境を整備することに都市計画の中心が移っている。それは当該の地域の伝統や風土を活かし，安全，快適，便利，美しさといった必要を満たす都市をつくっていくことを意味する。都市は多数の部品からなる一つの総合的なシステムと考えられる。社会資本たる「道路」「橋」「鉄道」「公園」などが，位置，規模，形（デザイン），色彩が考慮されて整えられ，民間資本である住居や工場，商店がつくられる。さらに政府の建物，警察署，消防署なども適切な位置と規模とデザインでつくられる。こうしたものすべてが総合的にまとまったシステムとして都市は機能するのである。それは個々の土地利用，建築物を規制するだけでなく全体としての都市を整えることから「一体の都市として総合的に開発し，整備し，及び保全する」（国土利用計画法　第９条）地域と都市が定義されていることからも理解されよう。

2．持続可能開発（Sustainable Development）とコンパクトシティ

2．1　持続可能な開発に関する問題

持続可能性という概念が世界規模で注目を浴びたのは，1987 年の国連の「環境と開発に関する世界委員会」（ブルントラント委員会）の報告からである。それまでの環境問題は生態学的アプローチが中心で，1972 年のローマクラブの報告「成長の限界」「かけがえのない地球」によって代表されるものである。ブルントラント委員会のレポートは持続可能な開発に関する明確な定義を行い，それを国際政治の課題にした。それは「環境」と「開発」を併せて考える議論を引き起こしたのである。持続可能な開発という概念について最も共通に用いられ，受け容れられている定義は「将来の世代の欲求を充たしつつ，現在の世代の欲求を満たす開発」（大来　1987　66 頁）というものである。

持続可能な開発の概念は要約すると「将来の世代に今我々が享受していると少なくも同じ水準の物質的満足を与える条件を残していくために，枯渇しそうな資源と地球が持つ環境の自浄能力（土壌の復元力や海洋や大気の循環など）を維持させる水準に抑える開発の水準」といえよう。地球の温暖化の影響と見られる氷河の減少や海水面の上昇或いは生息生物の減少は，この目で確かめられるので人類共通の危機として受け止められやすい。

持続可能な開発は聞こえの良いスローガンであり，開発の抑制などの政治的には利用できるが，この定義にいくつかの不明瞭なところがあることは確かである。具体的には例えば，現在我々はどれくらいの石油の使用量が資源の枯渇，大気汚染の状況等から許されるのかといったことには答えられな

い。ゼロにすることはとうてい出来ないが，ではひとり一人はどれくらいなら次世代の消費に不公平感を残さない消費量になるのかは算定できない。また特に先進国の人々にとっては「ゴミ」「自動車の排気ガス」「工場の煤煙」などは極めて気になる地球環境悪化の加担者である。日常の些細なことでも協力できることから協力していこうという気を起こさせることも確かである。

成長を抑制することと市民の経済的状況の改善との関わりは，一国内の地域間格差や国際的な先進国と発展途上国との間で問題が生じる。既に繁栄を享受している人々が消費を抑えることは暮らし向きの低下につながるが，衰退地域や途上国では低いままに抑えられるのである。そこに不平等の問題が生じる。当然ブルントラント報告でも，社会的公平は確保されなければならないとされている。

国家（中央政府）と地方政府，そして住民の対応には差がある。地域住民の日々の生活に関わるところで積極的に取り組む姿が見られる。例えばゴミの分別廃棄や買い物袋の持参などでこの問題が徐々に解決するという信念で行動を開始している。

一方国家的規模では，新しいエネルギー利用の開発や自動車のエンジンの改善，廃棄物を再利用可能なものにする或いは全く無害な物質に換えるという技術，さらには緑化を種々のところで可能にする技術等の科学技術の進歩で解決していくことに力点が置かれ，それらの研究・開発に対して補助金を出している。

我々が少なくとも努力する必要があるのは，こうした技術開発がいつ実現されるか不明なので，それまでは少なくとも地球の現状をさらに悪化させないことであり，そのために土地利用ではどのような工夫がされると良いか，ということになる。

英国の都市計画においてもこの「持続可能な開発」は重要な概念である。PPG（Planning Policy Guidance Notes）1が廃止され，それに代わって，PPS（Planning Policy Statement）1が2005年に公表されている。PPS1

は「一般的原則（General Principles）」とされているが，その副題は『持続可能な開発を実現するために』(Delivering Sustainable Development) である。その序文に，「プラニングシステムによって持続可能な開発を実現するための何よりも大切なプラニング政策を詳細に記述する」としている。日本の都市計画に関する国の法律や運用指針，市民向けのやさしい Web-Site の解説にも「持続可能な開発」という用語は出てこない。環境問題は自然科学（工業技術）の進歩や発展によって実現されるという考えが強く，都市計画において貢献できるところは少ないと考えているのであろうか。

2．2 コンパクトシティについて

現代では「地球環境問題」を考慮した「土地利用規制」が世界全体で要求されている。「持続可能な開発」と最も密接に結びついた土地利用規制あるいは都市計画は「コンパクトシティ」である。種々ある地球環境問題の中で温暖化の原因といわれる「温室効果ガス」の抑制に的を絞っての都市計画からの対応である。温暖化が進行すれば，海水面の上昇で水面下に没する土地が増え，それは次世代に残す土地が少なくなることを意味する。また気温の上昇により生育する植物，農産物にも悪影響が出ると予想されている。人間やその他の動物の住む土地が減少し，食料生産にも予測できない変化が起こるといわれている。そこで世界の半分以上の人々が居住する都市の外延的拡大を抑え，都心への移動のための時間と回数を減らすことを目的に，都心へ必要施設を集中させた都市の土地利用に変えていくのである。それは自動車特にマイカー利用による「二酸化炭素」の排出と郊外開発による「緑地」の減少とを最小化することを目差すものである。二酸化炭素の排出を最小にするには，公共交通機関の利用の促進と徒歩か自転車の利用で用が足せるまちづくりが基本になる。自動車の排気ガスをゼロにするためにはエンジンの改良や石油燃料のいらない電気自動車の開発を待たねばならない。しかしそれを待つまでの自動車の排気ガスを最小にし，緑被率を上げるために適したまちづくりがコンパクトシティということになる。

しかしこのコンパクトシティのデザインは明瞭ではない。既存の都市のコンパクト化と新たに建設する都市のデザインをコンパクトな都市にデザインすることの２つのケースが考えられる。既存の都市，特に大都市をコンパクト化していくことが極めて困難なことは容易に想像できる。建築物の建て替え，移転から郊外住宅地の縮小化，都市の内部地域にある集合住宅の高層化，それらに伴う交通機関の整備が必要である。新たな都市の建設であればガーデンシティ（田園都市）をモデルには出来ない。それは低密度な庭付き住宅が基本になっているからである。また中高層の高密度住宅のまちにするのであれば高所得者には好まれそうにない。

この問題に海外の実情を含めて包括的にアプローチしている研究は，海道清信『コンパクトシティ――持続可能な社会の都市像を求めて』（学芸出版 2001）であろう。その内容を見つつ，このコンパクトシティ問題をさらに検討していきたい。

まず人工の産物である都市について，なにか目的を持ってつくってきているかを問う。すなわちコンパクトシティと関わるような都市像をもってこれまで都市をつくってきたかを問う。「我が国の多くの都市では，まちなみを形成するよりどころとなる市街地像を持っていない。空間模式図は大まかな機能は表してはいるが，そこから目差している都市の姿を読み取ることは出来ない」（同書，10 頁）という。市街地像，空間模式図，都市の姿という用語で区別されているものが明瞭ではないが，おそらく具体的に目に見えるまちと心に描いている理想的なまちの姿であろう。必要な社会資本，ライフラインの整備，その規模や配置は示されているが，都市で活動する或いは生活する最終的な姿が見えないという。これまで家，工場，商店そして公共施設からなる全体としての「まちなみ形成」ということは都市計画では余り考えられていなかったのである。戦後復興，そして経済成長中心の都市計画であり，生活関連社会資本整備は遅れていた。産業基盤である道路，鉄道，上下水道，港湾，空港等の整備が景気刺激策，有効需要増大策としての効果もあって優先されたのである。そして経済大国にはなれた。しかし21世紀の日本では「成熟社会とは，人口及び物質消費の成長は諦めても，生活の質を成長させることは諦めない世界であり，物質文明が高い水準にあり，平和かつ人類の性質と両立し得る世界である」（同書，10頁）とされ，生活の質と都市計画を結びつけていくのである。

しかし現在の日本の都市計画政策は「都市マスタープランの地位を高め，既成市街地に開発を誘導しようとしている一方で，これとは反対に開発に対する規制緩和の方向も指向している。コンパクトな中心市街地の整備，郊外の貴重な緑地の保全を，中心市街地での規制緩和，郊外での規制強化で達成しようとしている」（同書，13頁）として，コンパクトシティ化の方向に一直線で進んでいないことを指摘する。

またOECDの「日本に対する都市政策の勧告」（2000年11月）を取り上げる（同書，14–15頁）。勧告にも「サステイナブルシティ実現に向けた都市中心部の再活性化と成長管理」がまず第一に指摘されている。サステイナブルシティにはコンパクトシティも含まれている。郊外の無秩序・無計画な開発を抑制する「成長管理」が提言されている。その他に規制の再構築も提言されている。日本は都市計画と建築に関しては規制を充分に有していない。このため私権を制限し，都市デザインの質の向上が勧告されている。これが都市の競争力を増すことに繋がると指摘されている。OECDの8つの勧告を海道は「重要な指摘を含んでいる」（15頁）と評価している。

コンパクトシティに対する普遍的に万国共通に適用できるモデルデザインはない。各国，各地域にあったデザインでコンパクト化を進めることになるのである。地域独自の都市像を形成する要因は，「都市の形態，密度，土地利用，自然的環境だけでなく人々のライフスタイルと地域の歴史と文化が総合されたもの」（同書，15頁）である。「都市計画制度も文化の一部である。今日の曖昧な都市空間や都市像の不在を容認し，或いは効率偏重の都市空間を積極的に生み出す役割を，我が国の都市計画制度が果たしてきたのではないだろうか。しかし近年の色々な動きは潮流の変化を感じさせる」（18頁）。

戦後の日本の都市が「効率偏重」「産業優先」であったことは多くの人が認めるであろう。しかし現在，経済は成熟し，市民の要求は多様化してきている。それが都市内における居住環境の整備，生活の質の向上にも目が向けられていることに顕れてきている。テレビやインターネット或いは海外旅行の経験から，経済の水準は低くても，安定した生活，豊かさを感じさせる生活をしている国があることがわかってきた。日々の暮らしの質的充実に目が向くようになったのである。ライフスタイルを変え，自然環境を守り，歴史的環境を大事にする都市へ変わっていくことに日本人の心は移っているのである。

また経済では近隣のアジアの国々の追い上げもあって，工場が海外に移転している。その結果，広大な工場跡地が発生している。これをどのように再開発していくかも，都市像と無関係ではない。「ヨーロッパでは都市開発や都市居住においては，公共性の原則，すなわち個人の短期的な資産運営よりも社会的な福利を優先させることに社会全体が合意していることがある」(同書，19 頁)。我が国の国民も，もう一度大規模で大量生産を行う「工業化」ではなく，都市で共に暮らす人々と生活の豊かさを実感できるまちに変えていくことを先進欧米諸国のあり方を示して，教えている。

次にコンパクトシティを目指す戦略を取り上げている。英国の都市戦略においては，先に述べた PPS1 には「持続可能な開発（Sustainable Development)」は頻繁に出てくるが，コンパクトシティは全く出てこない。「英国ではハワードの田園都市の伝統があるので，低密度開発が好まれていることがコンパクトシティ化を促進しない」(52 頁）理由と思われる。英国の都市政策はサッチャー時代の市場優先からブレア政権以降「アーバン・ルネサンス」と名付けられ，人間優先で，行政，市民，開発業者，NPO が対等のパートナーシップ方式で実行されている。その内容は，「①持続可能な都市の実現：質の高い都市を生み出す。デザイン主導で洗練されたアーバン・デザイン，歩行者，自転車，公共交通の優先。②都市機能の増進：社会経済的衰退から再生させる。③都市資産の最大化：新規開発地よりも既存の開発地の利用を推進。④投資の促進。⑤アーバン・ルネサンスの支援：経済や産業を優先する都市から人間中心の都市に」（同書，53頁）という戦略である。地球環境問題がやはり優先されている。デザインは見た目を美しくすることだけでなく，機能的な都市活動が出来るように交通ネットワークの形成を促し，用途地域制に該当する規制を行い無秩序な土地利用を戒めている。

欧米におけるコンパクトシティの原則（164頁）については以下のように整理する。「単に密度が高いだけでなく，適切な空間形態を伴い，自立性がなければならない」とする。そのコンパクトシティの基本的な特性を3つに分ける。第一は空間的形態であり，それはさらに3つに分けられる。①居住と就業などの密度が高くなると，環境上の問題が発生するおそれがあるので，環境の質を高めるための建築デザインや都市デザインが重要になる。②多様な用途が一定の範囲で複合されていることが必要である。用途純化は批判の対象になっている。③生活圏の中や都心部を自由に歩き回れることができる。公共交通機関を利用した場合，必要な場所やサービスへの到達のしやすさが重要視される。

第二は，空間特性である。①多様な居住者のための多様な住宅が共存していること。②地域の中にある独自な歴史や文化を伝えるもの，他にないものが継承されること。開発に当たっては場所性の感覚が重要となる。③市街地は地形や緑地・河川などの自然条件，幹線道路や鉄道などのインフラ施設によって区切られ，明確な境界がある。あいまいに市街地が広がっていない。

第三は，機能である。それはさらに3つに分けられる。①いろいろな特徴を持った人が公平に生活できる条件が確保される。自由に移動できて必要なサービスが受けられる。②日常生活に必要な機能，サービスが徒歩や自転車で移動可能な範囲の中で受けられる。③地域の現状や将来に関する方針の決定や運用について，主体的に参加できる地域自治がある（165–166頁）。これだけの原則を満たして，「都市」であるとともに「コンパクト」であることの条件を満たすのである。単に環境問題からコンパクトであることだけが強調されて市民の具体的な生活が軽くみられてはならないのである。

そしてこれをもとに，コンパクトシティに関する論争（同書，174 頁）を取り上げる。地球環境問題に対しては科学的に厳密な因果関係を証明することはできないが，発生している事態への対処はなされなければならないという観点から，都市の外延化防止，マイカー利用の抑制として提案されている「コンパクトシティ」も完全無欠なものではない。コンパクトシティに対する異議・疑問としてレディング大学の故ブレヘニー教授のコンパクトシティ批判を取り上げている。筆者もかつてこの論文を参照して，考察したことがある。その主要な点は，「コンパクトシティがサステイナブルな都市や地域をもたらすかどうかは実証されていないこと，レジャー活動等の自動車利用には高密度化は影響しないこと，低密な都市形態の方が資源循環その他からサステイナブルではないか，そしてコンパクトな高密度あるいは過密な都市や地区は生活や環境の質を損ねるおそれがあるのではないか。さらに自動車の利便性を抑制し，市街地居住を促進するコンパクトシティは一般の市民のライフスタイルや価値観と相容れず，そのため支持が得られないであろう。現実の都市・地域はすでに後戻りできないほど拡散している，それをコンパクトシティに実現していく具体的な手だてが明らかではない」（177 頁）ことであり疑問を呈する。ブレヘニーはコンパクトシティに良い評価を下していない。英国の田園都市の伝統，カントリーサイドの美しさを考えると，密集してごみごみしていそうな中心市街地は好まれず，さらに実現性への疑問もあげているのである。コンパクトシティ批判者は，都市分散の真の原因，効果，便益を無視し，モータリゼーション，所得の上昇を考えれば，都市の分散的拡大は必然の傾向であるとする。経済発展の結果として，緑が多く広い場所に住むという郊外化は良いことであり，生活の質を上げることだったというのである。

最後にコンパクトシティに関する異議，疑問点を大きく５つに分け整理する。1．実現性への疑問。都市の分散化傾向抑制の困難さと現実の都市空間の広がり。2．低密居住・田園居住の賛辞。分散的な市街地，郊外都市，農村居住の積極的評価。3．省エネルギー効果，廃棄物減少効果への疑問。

自動車交通の削減効果の少なさ。4. 生活の質への疑問。コンパクトな市街地での生活環境の問題。5. 社会政策としての問題。都心部と郊外の調和の問題。

上に挙げたことはコンパクトシティの否定というよりも，その効果が万能ではなく，限られたものであること，コンパクトシティに過大な役割を期待しないと同時に，その効果をそれぞれの都市，地域の現状に照らし合わせて評価する必要がある（同書，182 頁）という結論になる。

ではこのコンパクトシティが日本ではどのように受け容れられるのであろうか。海道氏は以下の 10 個の原則を提案している。（同書，254–271 頁）

①近隣生活圏（アーバンビレッジ）で都市を再構成する。
②段階的な圏域で都市や地域を再構成する。
③交通計画と土地利用との結合を強める。
④多様な機能と価値を持つ都市のセンターゾーンを再生，持続させる。
⑤徒歩の時代の「町割り」を活かす。
⑥さまざまな用途や機能，タイプの空間を共存させる。
⑦アーバン・デザインの手法を適用して美しく快適なまちをつくる。
⑧都市の発展をコントロールして環境と共生した都市を持続させる。
⑨都市を強化する。
⑩自治体空間総合計画に基づく都市経営を進める。

次に日本の具体的な都市におけるコンパクトシティ化への取り組みを見よう。公刊されているものは少ない。その中で『コンパクトシティ――青森市の挑戦』（山本恭逸著　ぎょうせい　2006）を取り上げる。

まずコンパクトシティには「中心市街地」が決定的に重要であるとして，それを最初に取り上げる。中心市街地に人を呼び戻すには，その中の「中心商店街」を先ず活性化する必要があり，環境問題よりも，日本では中心商店街の空洞化への対応，魅力ある「商店街」にすることを先に考えるのである。日本における商業の中心的経営形態は，自営業であり，自営業のハンディとして「欧米における組織的経営と日本における個人経営」を指摘する。形の上では株式会社であっても，実態は家族経営，家業である。そこでは子女を後継者とする傾向が強く，市場の動きにあった円滑な世代交代が難しいのである。そして何もしなくても土地の資産評価が上がった日本の土地神話が個人商店経営者をその場所に居続けさせ，それが「感性」と「エネルギー」の持ち主である若者が創業できにくい環境にした。しかし若者が創業できたとき，競争激化の中で力不足の商業者から脱落していくことになる。そのような起業，競争，生き残りのプロセスが都市，商店街をつくっていく，と考えるのである。商業活動は，「その町にいるだけで楽しい気分になるようなそういう雰囲気を個店が醸し出す」（同書，30 頁）プレステージの高いまちにする。そのための戦略を立てていくのである。商店街の魅力，センスの良い町になって，人が戻ってくることが，中心市街地を活性化するというのである。

コンパクトシティを次に定義する。「コンパクトシティの対極にあるのが『拡散型都市』である」（同書，38 頁）。これは無秩序で無計画な都市の拡大ではなく，広い範囲に拡大しているため，「公共高速輸送機関（鉄道）による交通需要をまかなうのは，無理である」（40 頁）。ある程度の市場規模がなければ中心商店街は成り立たないので，大規模で初期投資額の大きい公共輸送機関への依存は短期的だけでなく長期的にも困難である。それゆえマイカー利用による顧客の来訪を認めている。これは人数だけでなく買い物したもの（重い，かさばる，多量など）を持ち帰る不便さも含まれる。しかし理想としては「過密の弊害が見られるものの中層建築，集合住宅，公共施設の立地，公共交通網の整備により，中心地ほど都市の利便性を享受できる構造になっているのがコンパクトシティで」（40 頁）あり，「秩序ある高密度，土地の高度利用がコンパクトシティである。単なる『過密都市』ではない。計画的に土地が高度利用され，市民生活が効率的，かつ安全に行える場所になっている」（43 頁）条件を満たす都市をコンパクトシティとしている。

次にフレイによるコンパクトシティの賛成，反対の論拠（同書，55 頁）

を挙げているが，これは海道氏の著書でも内容ではほぼ同一のことが触れられているので，ここでは省略する。結論的な部分はコンパクトシティと拡散型都市との比較の議論である。行政効率を先ずとりあげる。下水道普及率をみると，同じ人口規模であれば，可住地あたり人口密度の高いところが，普及率が高い。最近の介護サービスの供給問題では，過疎地ほど巡回の回数が少ないことが明らかにされている。次は，エネルギー効率の比較である。豪雪地帯は冬期間の自転車利用が困難である。拡散型都市は公共交通機関の存続が困難である。マイカーの快適性，利便性は軽視できないが，公共性の名の下に採算性の問題がある部門が残される結果になっている。3番目は，中心市街地の密度の比較である。低密度である公共施設，公共機関の遠隔化は，サービスの低下だけでなく，中心地区の賑わいを失わせる原因になっている。賑わいが賑わいを呼ぶ，それが都市発展の本質である，という。そして結論的に「拡散型都市は，資源の最適配分が損なわれている」(65頁）と述べる。

2. 3 ガーデンシティ（Garden city）とコンパクトシティ（Compact city）[1)]

コンパクトシティに異議を唱える人のほとんどは，イギリスの伝統的な都市計画の基本になっているE. ハワードのガーデンシティ（田園都市）の基本理念を大切にしているのである。それぞれはもともとの発生に違いを持っている。ガーデンシティは19世紀の終わりにE. ハワードによって提案された理想都市である。これはロンドンの過密解消を目的とし，地域社会の一部である都市のあるべき姿を示したものである。田園都市は都会と農村の長所を併せ持った低密度な都市開発が目的とされている。ガーデンシティ全体の人口密度は1,300人/㎢，現在の東京23区の人口密度はおよそ12,000人/㎢であるのでほぼ十分の一である。しかしガーデンシティの市街地（ダイヤグラムでの環状線内側）は7,500人/㎢で，かなり高い。市街地の端から端（直径）は約2.4㎞，歩いて約30分である。住居は「庭付き一戸建

写真１　ハムステッド田園郊外の住宅地

て」が基本である。中層住宅，高層住宅に関する記述はない。人口規模からすると住宅数は大体 7,000 から 8,000 戸である。しかし土地や住居は原則として私有されない。住宅街の中央には「壮大な並木道（Grand avenue)」がつくられることになっている。緑豊かな住宅街である。この理想に基づいてつくられた「レッチワース」「ウェリンガーデンシティ」と「ハムステッド田園郊外」を歩けば，緑の多さに感心する。

ハワードのガーデンシティは職住近接の自立都市である。職場は中心にある「公共施設」や水晶宮と名付けられた「商店街」か，市街地の一番外にある「工場地帯」の工場で働くのである。農産物（食料）は環状線の外側にある「農村地帯」で生産され，都市住民はそこから購入する。

一方，コンパクトシティは特に地球環境問題への対応で考えられている都市である。ガーデンシティのように特定の建築家，都市計画家が基準となる

写真２　レッチワースの住宅街

設計図を示して，それに基づいて議論がわき上がって，建設運動が生じているわけではない。基準となるような面積も人口規模も示されたことはない。日本語では「こぢんまりした都市」と訳されている。持続可能な社会，持続可能な都市として「コンパクトシティ」が最もよく取り上げられる。次世代にもこの繁栄を享受できるまちにすることが目標である。それ故，種々の規制が厳しいと想像されてしまう。快適さ，便利さが特長の自動車利用が抑制され，中高層集合住宅中心で緑の少ない住宅街になると予想されているのである。

3. 都市における美

町をコンパクト化していくことは意識の差はあれ普遍的に受け容れざるを得ない課題であり，個々の都市に歴史や規模による差はあるものの基本的な土地利用規制をイメージすることは難しくない。しかしそれらの都市が自己のアイデンティティを示すものの一つとして，山や川などの自然の背景とまちなみなど歴史的につくられてきた伝統的人工的建築物群からなる「都市の美」を考えるとき，基本的な「土地利用規制」及び「建築規制」のあり方は個別都市ごとに異なるであろう。

そもそも何故に町は美しくなければならないのであろうか。その際によく言われるのが，「健康との関係であり人の心の安定である」[2)]。人は醜く不潔なところよりは清潔で美しい場所で生活することを望むと考えるのは当然すぎるほど当然なことである。しかしこれまで醜く不潔な場所が多かったのも事実である。そうしたところが伝染病や犯罪の巣窟となり，近隣の人々に悪影響を及ぼした。これを排除するのが近代の都市計画の始まりでもあった。

都市と対比される場所は「農村」である。農村の風景は絵画的で水と緑が豊かなのが一般的である。住宅の密度は低く，陽光と農作業はマッチしている。しかし都市の人口密度は高く，住宅，工場そして商店等が無秩序に密集していた。そこで都市にも新しい風景，美しい風景が求められ，健康で安全な生活，機能的な都市活動の実現を行えるように工夫や規制が探られてきたのである。

さて都市の美というときは，外観の美である。都市の建物の色，形，高さそして材料に統一があるとき，そのまちは美しいとは言われる。そこに居住する個々人や土地の所有者がその好みに応じて自由なデザインと色，材料で家を建てれば，その結果，「まちなみ」は決して美しいものにはならない。自然環境を含む周辺と一体となっている美，周辺とマッチしているまちなみがつくられて初めて美しいと認められるのである。では現代において，各人の私的所有物である土地の上につくる建物に自由を規制してまでまちを美しくし，秩序あるものにしていこうとする理由はどこにあるのであろうか。世界の多くの都市が「良いまち」よりは「美しいまち」に取り組んでいると思われるが，美しいことを選ぶ理由は何であろうか。古くは都市の支配者の意向で自分の権勢を誇示するため都市を美しくしたと言われている。しかし現代の都市の支配者は市民である。土地の所有権は一般に個人に認められている。欧米では多くの国で利用権或いは開発権は中央或いは地方の政府にあることになっている。そして都市計画に基づく土地利用規制は住民に最も近い地方自治体が行っている。中央政府が全国を画一的に規制してはいない。都市の内部（地方自治体の行政区域内部）においても，必ずしも都市全体が統一され均一の美が形成されるように規制が行われているのではない。かなり狭い範囲で，「街区」或いは「地区」といわれる範囲で，同じ基準で規制されているのが一般的である。街区や地区がそれぞれに個性的なまちなみを持つ範囲である。都市計画の専門担当者や関わりのある市民がそこを見渡せる場所に立って，美しさを保つための規制を判断するのである。それは自然環境を含めた周辺との調和が重要と考えられているからである。

では美しい都市とはどのようにして成立するのであろうか。すなわち美しい都市と評価されるための条件は何であり，それらがどのように獲得されるかということである。すなわち「美しい都市としてそれぞれが共通して納得できる都市像」[3)] を求めることである。個人的な感性である「美」がいかにして都市の美に関しては一般性を持ち，誰もが認める公共性を獲得しうるのか，その根拠はどのようなものであるのか。そうした論理はどのようなプロセスを経て，一般社会に，少なくとも都市計画という行政施策として受容されていったのであろうか。

アメリカでは以下のように獲得されてきた。「1890 年代から 1900 年代にかけて，全国各地の市民が美化団体を結成し，著名な建築家，ランドスケープ・アーキテクトを招いて，都市の美化計画を作成し，シビック・センター，鉄道駅，並木道，公園等のさまざまな記念碑を建設した」[4)]。それまで開拓中心で，落ち着いて住む場所を顧みるゆとりがなかったアメリカ国民が 1890 年のシカゴ万博での「会場配置は訪れた２千万人以上の人に，近代的な技術と古典的な美術が造り出す都市の美しさに感銘を与えた」[5)] ことがきっかけとなって，都市美（シティビューティフル）運動と名付けられる運動が生じるのである。

この運動がいま再評価されている。「①都市美運動が都市全体の総合的な将来像（マスタープラン）を提示したことを評価し，都市美運動を都市計画運動の先駆者と位置づけていること。②都市美運動は運動としては衰退したが，その理念は都市計画運動の中に継承されたとしている点」[6]の２つから再評価されている。

また美と健康は分離しがたく重要であると認識され，健康は都市を公園のように美しくすることによって回復されると考えられた。同時に，都市はさまざまな活動が集積するところでもあるので，そのため都市において「美」と「機能」を両立させなければならない。それは都市計画の専門家との協働の必要性を認識させていた。さらに祖国であるヨーロッパに対する憧憬の念を持ち，都市礼賛の念を持っていた[7]。「良き都市」は「美しき町」でなければならなかったのである。個人の嗜好としてではなく，社会の要請として，さらには公共性の問題として立ち戻ろうとしているのである。

マンフォードは都市が「人間の養育と育成の場のための最善の環境」[8]を整える必要を強調する。そこでは住宅が中心的な位置を占めているのである。都市は単に機械を利用して大量に規格品を作り出す場所ではないのである。人間育成の場として考えれば，住宅と健康とは密接に繋がる。そして美しい環境も理解できる。音楽や絵画の美しさと都市（まちなみ）の美しさの差は異なる。一人の人間がすべて自己の意思で表現しているのが「芸術」である。多数の建築物と背景の自然環境からなる「都市の美」「まちなみの美しさ」とは明らかな差がある。多数の人が住む都市を美しくすることは強制できないであろう。一般に「家」に住むことが最優先で，「まち」に住むことではないと考えられるからである。まちに働く場所，職があることが最優先され，多くの場合それで満足していたのではなかろうか。そうした生活のなかでの疲労，病気から健康を回復すること，健康を維持することは極めて重要である。農村では豊かな自然がそれを手助けしてくれる。しかし都市はそれとは異なる。豊かな自然に代わるものとして「秩序」「一体性」が美しさをもたらしているのである。美しい環境の中での生活が健康を維持，回復する助けになるのである。都市は建物が「密集」する場所であり，建物がなければ生活が成り立たない場所である。いやでも目に入る外観が美しければ健康に悪影響を及ぼすであろうか。しかし都市の外観をどうするかの選択は市民が行うのである。

3．1 なぜ今日本で都市の美か

日本の今の「まちづくり」と「都市の美」とはどう関連するのであろうか。「まちづくり」と言うとき，そこに住む人々，暮らす人々が中心になって身の回りの環境を自分たちで良くしていくための努力という側面が強調される。「都市計画」という言葉は中央と地方の政府で定められた手続きと予算制約の下での社会資本の整備を強く思わせる。まちづくりの一つのプロセス或いは手段がまちを美しくすることである。目的は優れた居住環境での生活である。しかし今「美しさ」が強調されている。その理由は何であろうか。それに対する答えの一つは「国土交通省」が2003年7月に公表した「美しい国づくり政策大綱」である。その内容の一部を紹介する。

「国土交通省及びその前身である運輸省，建設省，北海道開発庁，国土庁は，交通政策，社会資本整備，国土政策等を担当し，この経済発展の基盤づくりに邁進してきた。その結果，社会資本はある程度量的には充足されたが，我が国土は，国民一人一人にとって，本当に魅力あるものとなったのであろうか？。都市には電線がはりめぐらされ，緑が少なく，家々はブロック塀で囲まれ，ビルの高さは不揃いであり，看板，標識が雑然と立ち並び，美しさとはほど遠い風景となっている。四季折々に美しい変化を見せる我が国の自然に較べて，都市や田園，海岸における人工景観は著しく見劣りがする。

美しさは心のあり様とも深く結びついている。私達は，社会資本の整備を目的でなく手段であることをはっきり認識していたか？，量的充足を追求するあまり，質の面でおろそかな部分がなかったか？，等々率直に自らを省みる必要がある。」

都市計画或いはまちづくり政策の基本を定める「国土交通省」が明確に反省を述べ，今後は「国土交通省は，この国を魅力ある国にするために，まず，自ら襟を正し，その上で官民挙げての取り組みのきっかけを作るよう努力すべきと認識するに至った。そして，この国土を国民一人一人の資産として，我が国の美しい自然との調和を図りつつ整備し，次の世代に引き継ぐという理念の下，行政の方向を美しい国づくりに向けて大きく舵を切ることとした」と，このように決意を表明しているのである。経済優先，産業基盤整備中心の都市政策が我が国の経済を世界のトップレベルに引き上げることに大きく貢献したことは確かである。しかしこれは首都東京を代表とする大都市への産業や人口の過度の集中を招き，集積の経済の恩恵と不経済の弊害を存分に享受したが，経済大国になった今，そしてこれまで働いてきた人々が現役を引退してこれからの時間を過ごす家の周りの近隣環境を見たとき，基本的な方針転換を期待しているのではないだろうか。極端な表現をすれば，得た経済的満足よりも，残った醜いまちなみという損失が大なのである。戦後の復興，自然資源の不足という状況で海外との競争に打ち勝っていくためには，犠牲にせざるを得なかったものは当然ある。まちなみはその一つでこれから欧米のまちとまちづくりを参考にして生活大国にすることなのである。

さて，日本の明治以降の都市計画の特質は次の３つに大きく分けられるであろう。

①中央政府主導：官主導であること。日本では封建時代に地域住民が領主から独立を勝ち取って自治権を獲得して，自ら良い町をつくっていこうとしてなされてきたのはごく僅かである。また近代になって西欧に追いつき，追い越せで銀座のレンガ街のように国威を示すことや軍事的要請から道路，鉄道が優先して建設され，住宅や下水道が後回しにされて，都市が整備されてきた。また民間企業が「都市開発」を目ざして，ある理想の下に計画的に都市をつくる或いは既存の都市を再開発してきたわけではないのである。大都市圏では民間鉄道会社が大きな役割を果たしたが，通勤客を

利用した利益優先の沿線整備であった。

②産業基盤整備中心：生活関連社会資本整備の遅れが顕著である。欧米諸国に遅れて近代化が始まったこと，そして第二次大戦に敗北したことで「欧米に追いつき，追い越せ」が経済活動においてもスローガンになった。そのため都市整備も産業活動が中心にあって，居住環境整備は後回しにされた。重化学工業を中心とする「新産業都市」建設，先端産業を地域開発のテコにする「テクノポリス」建設等がその代表である。巨大都市近郊に住宅の大量供給という形でニュータウンが建設されたが，それは独立した職住近接のこぢんまりした規模で住民自治の確立を目ざす都市ではなかったのである。

③土地区画整理事業中心：我が国には古くからの都市が多くある。その既存の都市は合理的な計画なしに家や商店が集まってできている。それらの地域を近代的な市街地に変える再開発は「土地区画整理事業」と呼ばれ，地権者には土地の価値の上昇を説得材料として，「換地」「減歩」で事業を行った。既存市街地の多くは土地に関する権利関係が複雑に入り組み，多くの利害関係者があるため，事業は難航し，長期間かけて行われている。また自動車社会に対応する直線的・碁盤の目状の道路への整備，住宅，工業及び商業利用を基本とする用途地域制（ゾーニング）が採用されて近代的な都市につくりかえられている。それは健康で文化的な都市生活，機能的な都市活動を実現するためである。

これからの日本の都市計画或いはまちづくりは団塊の世代（昭和22年から24年生まれの世代）の定年退職後の生活の場所としての整備へ，そして地球環境問題を重要課題とした方向に変わっていくことは明白である。担い手も中央及び地方の政府中心の計画策定・実行から，そこに住む市民，事業者，都市計画専門家を加えた非営利組織（NPO）が中心になり，生活環境整備に重点が置かれた計画へと移行していくことは確かである。その整備の目標の重点項目は，客観的な数値では計測できない基準が重視されることも容易に想像できる。すなわち「生活の質」が重視され，安全，快適，便利，美しさそして地球環境を守るといった基準が中心になる。郊外に広がることが少なく，交通事故や犯罪から安全なまち，自然災害からも安全なまち，買い物や通勤に便利なまち，緑豊かな公園が適切に配置されているまち，一体的に整備された統一のとれたまちなみが形成されることになる。

これからのまちづくりでは，今までのまちづくりの反省，問題点が充分活かされなければならない。国土交通省の自己批判だけでなく，さまざまな立場の人が日本の都市の外観を批判している。そのいくつかを挙げておく。まず最初は雑誌「WEDGE」2003年10月号に掲載された国際日本文化研究センターの井上章一氏のものである。「都市と建築から見えてくること」と題して，「現代日本の都市景観は，みにくい。町並みとしての統一性が，欠落している。個々の建築に，見るべきものがないわけではない。しかしそれらはてんでんばらばらに，造形的な自己主張をしあっている。隣接し合う建築と，調和をたもとうとする意志がまるでない」(50–51頁）というものである。

次は2004年1月6日の日経朝刊，社説「にっぽん再起動」の最終回「子孫に誇れる美しい国土をつくろう」のタイトルでやや長い文が書かれている。

「国会議事堂をめぐる景観論議が注目を集めている。議事堂の景観問題は日本の都市計画の貧困を象徴している。日本人は欧米の街の美しさに驚く。古城や教会などはもとより普通の商店街や住宅までが美しいのは，都市計画に基づいて質の高い景観を維持しようと地元が努力を続けてきたからだ。

日本の都市計画行政は対照的だった。景観の「画一化」を国がおし進めたのである。都市計画法や建築基準法は面積や容積といった全国一律の数量基準を自治体に押しつけた。それは土木・建設主導の効率的な開発事業には便利な仕組みだった。

しかし美しさの中身を「数量」で表せるはずはない。百の街には百の個性，百の文化があるはずだ。日本的な行政システムの下では，美しい国土をつくれるわけはなかった。それどころか数字の上の豊かさと引き替えに国民は多くのものを失った。日本の都市計画は景観を積極的に破壊してしまったのだ。

中略

このままではとりかえしがつかなくなるという危機感が芽生えたのは当然だ。小泉純一郎首相は昨年，観光立国を宣言した。観光資源を守るには国土政策の大転換が必要だ。

こうして次期国会に景観法案が提案されることになった。骨子は，都市計画法や建築基準法の大胆な規制緩和。「お上」の規制によるのではなく，住民が独自の基準で街をつくる画期的な内容である。

例えば住民が地域にふさわしい屋根の形や壁の色を決めれば，違反する建物は建築基準を満たしても許可されなくなる。違反建築には変更命令や強制代執行が出来る。無秩序な広告看板を一掃することも可能だ。魅力ある街では住民の暮らしは潤いを増す。人やカネが集まり資産価値も上がる。

景観法の先駆けとなったのは自治体の努力だ。1980年代後半から増え始めた景観条例は現在，524を数える。しかし景観条例に法的根拠がなく，醜悪な建築を強行しようとする業者を裁判に訴えても住民に勝ち目はない。先進国には珍しいこの開発・建設一本やりの野蛮な環境を変えるには基本法としての景観法がどうしても必要だ。

景観法は公共事業全般の景観破壊の歯止めとしては限界がある。景観法審議も楽観はできない。国土交通省道路局は電線地中化を景観法の対象から除外させようとしている。道路予算に手を触れられたくないらしい。都市再生政策についても建設需要の大幅な増加だけを期待する向きが少なくない。土建王国の壁は厚い。

住民にも課題は多い。景観破壊を伴うと分かっていても，とりわけ地方では開発需要への誘惑は強い。景観を守るには住民の権利も制限される。自分の家でも好き勝手に建て替えることはできなくなるからだ。

得るものと失うもの，公共の義務と私の権利をどう納得するか。地域社会の姿をめぐって国民は自らの生き方を問い直すことになるだろう。しかし遠回りのようでもこの道を進むことは後の世代への私たちの責任である。子や孫に誇れる町や村をつくる――その仕事の先にこそ，日本の新しい姿が見えてくる。」

またフォークシンガー小田和正（東北大工学部卒，早大院建築修了）は「自分がどんなに美しい建築を建てても，隣に建っている妙な建物はどうしようもない」（五十嵐敬喜著『美しい都市をつくる権利』学芸出版　2002　112頁）のエピソードもある。

西村幸夫は「これだけ公衆道徳を守る国民が，これほど無秩序な街路風景の中でも平然としていられるのは，街路風景を公共のものとは考えず，ましてや街路風景を構成している個々の建築物の外観の公共性を理解することが失われたからである」と述べている。（西村編著『都市美』2005，250頁）

日本経済新聞では2005年5月3日から5日まで【経済教室】「景観が変わる」が連載された。5月3日「『美』創造へ規制強化」と題して伊藤滋（早稲田大学特命教授）が「家庭・企業・役所の全てが，隣近所に気配りせずに，家を建て，橋を造り，農地を宅地にした結果がこの有様をもたらしたのである。良好な景観なくして，美しく風格ある国土はなく，豊かな生活環境も創れない。自然・歴史・文化と人々の生活や経済活動が調和する土地利用を実施していく。市町村は，個人や企業などに対して，美を確保し，創り出すという観点から，土地の使い方，建物・工作物の作り方について一定の規制を課すことになった」。そして広告の制限や緑の育成の重要性を説いている。

続く4日は，「地域の独自性を追求」と題して進士五十八（東京農業大学教授）が，「脇目もふらずに道路整備にまい進したために，自然の山野や既存のコミュニティを分断し，限られた予算で距離を稼ぐため，歩道幅は狭く，街路樹さえない道路も造った」と，環境破壊，歩行者無視の道路行政を批判する。

最後の5日は，「成長至上主義見直し」と題し，松原隆一郎（東京大学教授）が「脱『東京』を模索へ」で議論を展開している。「法律は全国一律に適用され，地方らしさにかかわらない。典型的なのは郊外の国道沿いの眺めであろう。スーパー，コンビニ，ラーメン店，ガソリンスタンドなどチェーン展開する店舗やその他のロードサイドショップが車窓からも目につくようにけばけばしい外観で立ち並ぶ。そうした商業施設は一定の商圏を持つから，数キロいくと再び同じひとそろいの光景に出会うことになる。……中略……さらに日本の景観が雑然としつつも均質的になる背景として，特定の景観を良しとする価値観は個人的であり，相対的なものにすぎない，と見なされたことがある。それを『価値相対主義』と呼ぶならばそれが浸透したせいで好き勝手な建築物を建てることが出来るようになり，結果的にはどこに行っても同じような風景ばかりとなってしまった。

『都市再生』政策はあくまで経済効果をねらう点に特徴がある。……中略……都市において経済性はその一要素にすぎないが，景観などの文化面がこれほど無視される『都市論』は稀である。全体の計画など全く存在しないまま，現実に都市の景観は崩壊しつつある」。そして最後は「東京を追いかけることで個性を無くし，疲弊していった地方経済を再建するのは，実は景観という非経済的な背景あってのことだろう。……古い家屋を修復している京都の町屋や，電線地中化と修景を重ねてすっきりした街並みになった長野県小布施町などは観光客を集めている」ことから景観の維持，保全が町の発展につながると結論している。

以上いくつかの厳しい批判的見解を引用した。しかし日本人は古来から醜い町を作ってきたかというと決してそうではない。現在でも，地方には多くの情緒ある町がある。そこは先の戦争でも「連合軍」が爆撃しなかったところである。奈良や京都，鎌倉がその代表である。江戸時代でも「城下町」「宿場町」「門前町」には美しいまちなみがつくられていた。これからの日本人が美しいまちをつくっていく可能性が高いことは容易に想像できる。

しかしこれを実現するためには「法治国家」である日本では，都市計画に関する主要な法律「都市計画法」「建築基準法」「景観法」を理解するとともに，都市の主権者である市民が参加し，責任を持って実践に移すことが避けられない。しかし日本では現実には既に多くの都市が形成されており，その内部を再開発するとなると，種々の利害対立が表面化し，短期間で理想を実現することは極めて難しいことは想像に難くない。

また３つの法律は「規制」が中心で，積極的にまちを美しくしようという性質のものではないが，時代の流れと共に内容も変化し始めている。都市の土地利用が公共性が高いという理由で，利害関係者の納得いく「私権の制限」が得られ，その上で「美しいまち」が建設されている実例を学ぶ。

次に今の日本で「何故に」まちが美しいことが要求されるのかということである。現在「まちづくり」という言葉で進められている都市形成は多くの場合，経済的誘因が前面からは後退している。団塊の世代が退職後の居住生活を過ごす場所としてどんな町が好ましいかという点から注目され，都市の美が強調されて「まちづくり」という言葉でそれが表されているのである。地域開発，都市再生という用語は多くの場合，ハード面の整備を意味しているが，美しいまちは「美しい」という言葉の持つ「印象」が地域の経済発展につながること，すなわち「立地条件」の一つとして「美しいこと」が経済活動の誘致，特に知識産業や研究開発に従事する人々とその家族を引きつける重要な要因として評価されている。しかし定年退職後を過ごす場所の条件であれば，経済発展の可能性とは無関係に都市のあり方を考えることができる。

企業が美しい都市に立地することで生産と販売に関するコストが低減され，販売収入が増大する効果があるかということでの議論はまだない。また地域開発や地域の経済的発展には，海浜を埋め立て，山林を開墾して工場用地を造成するといった自然環境の破壊を引き起こすことも多い。その代償として，さらにその反省として，美しいまちであることが立地の牽引力として効果的だ，というのでもない。

経済的発展の重要性は否定しない。しかし美しいまち，すなわち自然環境を活かし，歴史的遺産を保護するまちが経済活動を誘引しないと断言はできない。美しい自然環境と社会的歴史的環境を守りつつ，経済発展を可能にする開発方式を考え出さなければならない時代である。大都市郊外のベッドタウンや観光に依存する地方都市では美しさが経済発展の理由になりえる。居住環境の面からでは，研究・開発部門に従事する研究者とその家族を引きつけるための国際的な都市間競争において，どの国においても重要視されている要因である。イギリスのケンブリッジはその代表的な例である。

上に述べてきたことも背景にあって，2004年12月，我が国で初めて美しい環境をつくることに最も密接に関わる「景観法」が制定された。この法律について考察したい。美しさを守り，さらにつくりだそうとする意欲を前面に押し出している法律は他に例がないであろう。この法律はいくつかの地方自治体で既に実施されている条例に押されるようにつくられてきたといえる。自分たちの暮らす町の美しさや伝統を維持したい，自然も豊かで古来ここに住んできた人々の教えを守って生きてきた人たちが，民間資本の大規模なオフィスビルやマンション建設によってその地域の環境と伝統を壊されたくないことから，条例をつくり守ってきたことが，あと押ししたと言えるのである。この法律の最大の特徴は醜い景観をつくり出すもの，特に広告・看板を排除できることになっているという点である。法律の主要部分を見ておきたい。

まず第一条では，「……美しく風格のある国土の形成，潤いのある豊かな生活環境の創造及び個性的で活力ある地域社会の実現を図り，もって国民生活の向上並びに国民経済および地域社会の健全な発展に寄与する……」とこの法律の目的が書かれてある。潤いのある豊かな生活環境の創造が中心であって，経済発展が中心ではない。経済を無視，軽視するのではないが重視でもない。美しさ，風格という条件と活力のある地域社会とが両立する都市はどのような都市なのか，具体的に想像することはやや困難だ。しかし日本の都市で実際に見られるケースもある。神戸異人館通りや倉敷の美観地区などは風格もあり活力もある。

第二条では基本理念が述べられる。「良好な景観は，（中略）国民共通の資産として，現在及び将来の国民がその恵沢を享受できるよう，その整備及び保全が図られなければならない」とされている。その良好な景観とは，「地域の自然，歴史，文化等と人々の生活，経済活動等との調和により形成されるもの」であり，それは「地域の固有の特性と密接に関連する」ので，「地域住民の意向を踏まえ，それぞれの地域の個性及び特色の伸長に資するよう」につくられなければならない。そしてその効果は「観光その他の地域間の交流の促進に大きな役割を担うものである」とされる。「良好な景観の形成は，現にある良好な景観を保全することのみならず，新たに良好な景観を創出することを含むものである」と付け加えられている。今あるもの以上の良いまちに，美しいまちに積極的に取り組めと言うのである。そしてこれに関わるものは「国の責務」「地方公共団体の責務」「事業者の責務」「住民の責務」として責任が負わされている。

しばしば問題にされる醜悪な建築物の代表である「屋外広告物」の規制は，第八条五項イで「良好な景観の形成に必要なもの」で，「掲出する物件の設置に関する行為の制限」が認められ，第十六条の３で「設計の変更その他の必要な措置をとることを勧告でき」，第十七条で「形態意匠の制限に適合しないものをしようとする者又はした者に対し，当該制限に適合させるために必要な限度において，当該行為に関し設計の変更その他の必要な措置をとることを命ずることができる」とされている。設計段階で規制することができるのみならず，完成し設置されたあとでも撤去を命じることが可能なのである。

さらに景観重要建造物（第十九条から第二十七条），景観重要樹木（第二十八条から第三十五条）も指定することができる。公共施設（第四十七条から第五十四条）に関しても指定して保護することができるようになっている。

法律での叙述から，美しいまちの条件が経済学でいう「完全競争」「市場メカニズム」による土地利用競争の結果，実現すると考えていないことが分かる。市場の力では，経済合理的な土地利用は達成されるが，それは同時に美しいまちの実現であるとは限らない。故に事業者も住民も参加して，責任を持って景観形成にあたれ，ということである。それぞれの地域にあったまちなみを関係する主体が協議して責任持ってつくっていくことであり，国が画一的な基準を定めて，その基準に合致するところに補助金を出し，奨励するというのではない。

次に日本の2つの地方自治体で実際に採られている環境維持政策を見ていく。

3.2 金沢市「こまちなみ保存」

日本の各地で現在「都市景観」の保護・強化の政策が採られている。ここでは日本海に面した北陸の代表的都市金沢を先ず取り上げる。人口約44万人，面積は470㎢。目立った工業はなく商業中心の町である。犀川と浅野川に挟まれた小立野台地にまちがつくられている。敵からの攻撃には守りやすい地形である。古都で城下町の金沢には有名な庭園（兼六園）があり，往時を偲ばせるまちなみも残っている。近代的な高層ビルが立ち並んでいる中心部にあるこうしたまちなみを保存し，市民に伝統の誇りを持たせるだけでなく，観光の目玉にもしようとしている。しかしこれらが市内に点在しているので，倉敷の美観地区や神戸の異人館地区のように集中している他と比較して保存にも観光にも好条件にあるとは言えない。

金沢市はこれまでどのような都市景観政策を採ってきたのであろうか。金沢市都市整備局まちなみ対策課から発行されている『金沢市の都市景観施策』(平成18年版）を参考にして見ていく。1583年，前田利家が金沢に入城して本格的なまちづくりが始まる。そして江戸時代終わりの19世紀初頭には世帯数は約13,700戸になる。それは当時の首都江戸そして大坂，京都に次ぐ大都市であった。現在の既成市街地がその当時の城下町と空間的にほぼ重複し，非戦災都市であることが時間的にも繋がっているまちにしているのである。それが現在の都市づくりにも大きな影響を及ぼしてきている。町人地，武家地，寺社地など往時の特徴が色濃く残され，放射道路として計画された幹線道路，細街路，堀や用水などが都市金沢の基本的な骨格になって

写真３　金沢の茶屋町街

いる。歴史的景観を形成する史跡は金沢城跡，兼六園である。近代の市制施行は1889年（明治22年）で，当時の人口は約94,000人。金沢市はこれまでまちなみの保存には積極的であった。「金沢市伝統環境保存条例」（昭和43年（1968年）制定，平成２年（1990年）廃止）が制定された背景は，昭和41年（1966年），高度経済成長の下，奈良，京都，鎌倉を対象とした「古都における歴史的風土の保存に関する特別措置法」が制定されたことにある。この法律では「金沢」は対象とされなかったのである。そこで金沢市は戦火や自然災害に見舞われなかった歴史的環境と豊かな自然環境を守りつつ，北陸の中心都市して近代的な高層ビル開発の続くまちを，調和のとれた都市にすることを中央政府の特別な保護なしに独自にめざしたのである。金沢の特徴である樹木の緑，河川の清流，新鮮な大気そして歴史的建造物や遺跡等で形成される環境と都市再開発による固有の都市環境に調和した新たな

写真4 金沢の武家屋敷街

都市環境の創出をめざしたのである。この条例の主な特徴は，「伝統環境保存区域」の指定である。区域内での建築，土地形質変更（開発），木材の伐採等についての届け出制と，それに伴う指導または勧告の実施である。そして環境保存に必要な場合には助成を実施することもできる。資金がかかり，自由度の低い再開発である寺院の山門の保全，土塀の修復，沿道修景のための生け垣化等への助成を行うことを盛り込んでいる。

昭和63年（1988年）1月「金沢市伝統環境保存条例」制定20周年を機に歴史的環境のみならず，広く都市景観に関する方策を検討するために「都市景観懇話会」を設置する。そして翌々年の平成2年（1990年），新条例「金沢市における伝統環境の保存及び美しい景観形成に関する条例」を制定した。この条例の目的は以下のとおりである。

①市民参加の都市景観づくり

②金沢の個性を生かした総合的，計画的な都市景観づくりを進める

それは具体的には，市民にわかりやすい都市景観，市民の意見を反映した都市景観づくり，市民の自主的な行動による都市景観づくりをめざしているのである。この条例では，近代化が進む都市内部の高層ビルの目立つ景観を排除するのではなく，従来の伝統的環境保存区域に加え，「近代的都市景観創出区域」を指定し，町の背景や眺望にも配慮した調和のある近代的都市景観をつくることをめざしているのである。金沢の町を歩けば，近代的まちなみと伝統的まちなみの混在がよくわかる。屋根のデザイン，高低，色などで不釣り合いを感じる場所も多くある。しかしこれらは一朝一夕には整えられない。

続いて平成２年（1990年）４月「金沢市都市景観審議会」が設置される。指定区域内の届け出建築計画の審議をする「建物部会」や道路，用水などの修景計画を審議する「用水みちすじ部会」など７つの専門部会がつくられ，それぞれの専門家が審査し，開発，保全を監視することになる。

平成４年（1992年）３月，「景観都市宣言」を発表。それは「私たちのまち金沢は，恵まれた自然や地形を背景に歴史的な街並みや，伝統にはぐくまれた文化をいまに伝え，美しく，個性豊かで魅力的なまちを形づくってきた。私たちすべての市民は，1，美しい自然と風土を保全する景観づくり　1，伝統的・文化的な資産を継承する景観づくり　1，環境に調和した新しい都市空間を創造する景観づくりを基本に，さらに金沢らしい都市景観を形成していくことを宣言する」という内容である。

平成６年（1994年）３月「金沢市こまちなみ保存条例」が制定される。条例の主な内容は「市民共有の財産として保存育成」「区域ごとの保存基準を策定」「保存活動に援助」「保存建造物として登録でき，市長と所有者は保存契約を締結することができる。保存契約したとき「必要な場合買い取りができる」のであり，積極的に保存策に乗り出したのである。

ここでこ「まちなみ」とは，「歴史的な特色を持つちょっとした良いまちなみ」であり，条例での定義は「歴史的な価値を有する武家屋敷，町家，寺

院その他の建造物またはこれらの様式を継承した建造物が集積し，歴史的な特色を残すまちなみ」となっている。こまちなみ保存区域は平成７年（1995年）から指定され，現在10カ所ある。武家地の面影を残す地区，軒や格子戸が連なる町家のまちなみ，醤油蔵と風格ある町家の連なり，老若男女が集う寺院や神社を擁する場所などが指定されている。

3．3 真鶴町「美の条例」

真鶴は相模湾に面し神奈川県の最も西に近い真鶴半島にある町である。人口は9,000人前後である。面積は7.02㎢。可住地面積は神奈川県内の自治体で最も少ない。起伏に富んだ町で海抜０メートルから736メートルであり，箱根外輪山に続く山並みである。ここに住む人々は自然条件を巧みに利用した生活を送っており，金銭的な豊かさは望んでいなかった。ここに昭和63年（1988年）頃から開発の波が押し寄せてきた。町役場に出された開発計画では，共同住宅，分譲住宅，ホテル，保養所等を合計すると，約4,000人の人口増が予測された。それまで主たる産業は漁業，ミカン栽培そして石材業であった。岬は「魚付き林」として育てられてきた。木々の根は地面を守り，落ち葉は海中で分解されてプランクトンの餌となる。漁業は定置網漁で生計を支えてきていた。斜面地を利用したミカン栽培は，面積が耕地総面積の97％をかつては占め，多大な収入をもたらした時期もあったが，ミカン栽培地域間（愛媛や静岡）の競争，アメリカ産オレンジの自由化，柑橘類の多様化などがあって，衰退していった。またこの地域の石は「小松石」と呼ばれ，地域の地面に敷き詰められている。地域の材料を使用することで質の高い豊かなまちがつくられている。首都圏から近く開発の影響を受けやすい地域である。小田原までJRで13分，新幹線で東京まで35分という良い条件の町である。

しかしこの町の最大の困難は「水資源」であった。自給できる量は一日約2,000人分，残りは近隣の地域からの購入であった。急激な開発ラッシュによる水需要の増大に耐えられないことは明らかである。いかに土地を売りた

写真５　真鶴港と半島

いミカン農家が出ても，開発後のまちでの生活は困難を極める，不可能，麻痺状態になることは明らかであった。真鶴町の住民を守るためにはこの開発を不許可にしなければならない。ここから新たな方向が考えられなければならなかったのである。

新たな開発を止めるためには水を供給しないための戦略が最も効果的である。しかしかつて水道の供給を拒否した平成元年（1989 年）ヤマキマンション建設をめぐる紛争で武蔵野市長後藤喜八郎は水道法違反容疑で起訴され，最高裁で罰金の有罪判決を受けている。国の規制緩和と民活方式による開発に対抗するために，独自の条例をつくってマンション進出に対抗することにならざるを得ない。都市計画法にも建築基準法にも違反しなければ何でもできるという状況に対抗するのである。「建築確認」と「開発許可」の権限は真鶴町ではなく，県にある。県が許可を出せば，条例をつくっても意味がない。条例をつくろうとしているプロジェクト会議で「美の基準」が打ち

写真6 真鶴の住宅地にある風景

出された。そしてこれが「町長選挙，住民説明会，議会の審議というまっとうな民主的手続きを経て制定され」（五十嵐・野口・池上共著，1996，72頁）ていたため，そして開発を禁止するものではなく，「開かれた手続きの中で協力と参加を求める行政指導」（73頁）であることから長い時間がかかるが，神奈川県から平成5年（1993年）に条例制定を認められる。

この条例の最大の特徴は真鶴町独自の美の基準がもうけられていることである。これに基づいてすべての「建設行為」「開発行為」に適用されるデザインコードがあり，開発を規制・誘導するのである。この基本にある考え方は，「真鶴町に長年培われ共有された建築や生活の作法をルール化したもの」（同書，83頁）であり，「周辺環境に配慮した建物の配置，傾斜に沿った屋根勾配，きめ細かく丁寧に施された軒裏や軒先の装飾，地場産の小松石を活用した門柱や外壁，……これらを生活の作法という」（83頁）として，

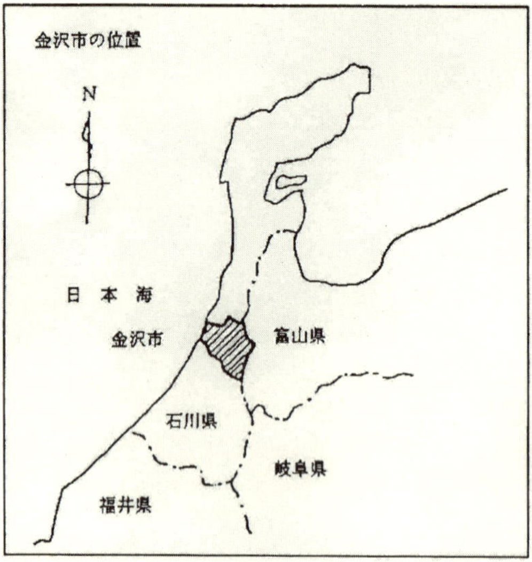

金沢の地図

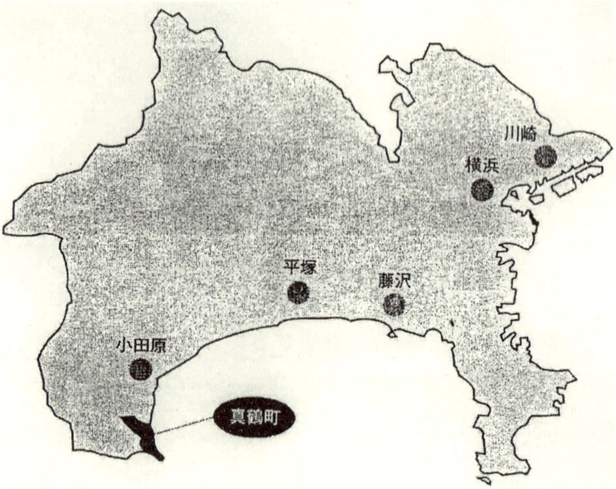

真鶴の地図

まちづくりの基本指針としている。またここで言う「美」とは後代に引き継ぐ「質」を言うのである[9)]。その質は8つの基準から成り，条例の第10条に明記されている。引用しておく。

(1) 場所；建築は場所を尊重し，風景を支配しないようにしなければならない。
(2) 格づけ；建築は私たちの場所の記憶を再現し，私たちの町を表現するものである。
(3) 尺度；全てのものの基準は人間である。建築はまず人間の大きさと調和した比率を持ち，次に周囲の建物を尊重しなければならない。
(4) 調和；建築は青い海と輝く緑の自然に調和し，かつ町全体と調和しなければならない。
(5) 材料；建築は町の材料を活かして作らなければならない。
(6) 装飾と芸術；建築には装飾が必要であり，私たちは町に独自な装飾を作り出す。芸術は人の心を豊かにする。建築は芸術と一体化しなければならない。
(7) コミュニティ；建築は人々のコミュニティをを守り育てるためにある。人々は建築に参加すべきであり，コミュニティを守り育てる権利と義務を有する。
(8) 眺め；建築は人々の眺めの中にあり，美しい眺めを育てるためにあらゆる努力をしなければならない。

「美の基準」の設定は「ファシズム」という加藤周一氏の問題提起にも五十嵐敬喜氏はその著書で答えている（同書，139頁）。加藤氏は「『美味』といい，『美人』といい，また『美しい自然』といい，『美しい絵画』という。その意味するところはあまりに隔たっていて，共通の性質を定義することが殆ど不可能にちかい」（140頁）という美の個人主義を主張する。だから「『美』は『思想や表現』の中核をなすものであって，憲法上も最大限の保護が与えられている。無制限の個人主義こその本質と言っても良い。ところが『美の基準』はこの保護に反して『基準』という画一性を押しつけるものである」という。しかし「真鶴町に超高層ビルを建設させないことは『ファシズム』なのであろうか」(140頁)。真鶴町では「都市計画法」や「建築基準法」によって超高層ビルは禁止されている。地域的に制限を受けることは誰もが承認している。東京にも超高層を建ててよいところと禁止されているところがある。加藤氏が例示している「美味」や「美人」は，いずれも見ることも使用することも強制されていない，つまり自己決定の範囲内である。しかし市民や旅行者にとり建築物は見ることや使用することが強制される，拒否することができない，すべての人の目に入ってくる，利用しなければ生活できないという点が尊重や保護のあり方を変えるのである。

美の経験を与えるものは，「一種の幸福感」を与える「空間の形」を言葉で表したものである。これを「個の経験」にとどめるのではなく，「共有されうる」または「共有しなければならない」としたことである。これを単にスローガンとして押し出すのではなく，「美」をつくり出すための理論として考えたのである。

4. 終わりに

まちづくりを現代においてどのように進めているかを日本を中心に，それと関連して英米について考察してきた。個人間，企業間の自由な競争が優先される「経済活動」が重視される中にあって，これと異なる性格をもつ，つまり長期性，公共性をもつ「まちづくり」は世界的な視点という広い観点からの対応と地域固有の特質に基づく対応とに大きく分けられる。まちづくりは否が応でも目に入ってくる周辺の環境そして日々交わりの機会のある近隣居住者，すなわち物理的周辺環境と人間が造る社会的環境もからみ合うゆえに，一つの価値基準である経済合理性だけでは成し遂げられない。土地利用あるいは開発のあり方は少なくとも土地の所有者である地主の自由判断にだけ任せていたのでは町，市民そして地球環境にとって良い方向には進まない。これらのことを理解している市民は各人の自由を規制して，協力し合って町を変えていこうとしている。しかし利潤を追求しなければならない経済主体の行動とは相容れないことも多い。これがどのように調整されて最も好ましい結果をもたらすか，普遍的な解答は出ていない。住民に最も身近な地方政府，事業者，市民，非営利活動（NPO）そして都市問題の専門家がパートナーの形で対等の資格で参加する協議機関の出す結論でまちづくりを進めていくのが，現在考えられている最も良い道である。

【注】

1）この問題は井内昇（1996.8）で論じられている。
2）西村編著，155頁
3）西村編著，10頁
4）西村編著，148頁
5）西村編著，152頁
6）西村編著，149頁
7）西村編著，155頁
8）マンフォード，1974，456頁
9）五十嵐敬喜・野口和雄・池上修一著，学芸出版，1996，96頁

【参考文献】

東秀紀・風見正三・橘裕子・村上暁信著『「明日の田園都市」への誘い』彰国社　2001
井内昇『新しい都市開発と20世紀の教訓』「都市問題」87-8（1996.8）83–96頁
五十嵐敬喜『美しい都市をつくる権利』学芸出版　2002
五十嵐敬喜・野口和雄・池上修一『美の条例――いきづく町をつくる』学芸出版　1996
伊藤滋・小林重敬・大西隆監修『欧米のまちづくり・都市計画制度』ぎょうせい　平成16年
井上章一『都市と建築から見えてくること』WEDGE，2003年10月号
大来佐武郎監修『地球の未来を守るために』福武書店　1987
海道清信『コンパクトシティ――持続可能な社会の都市像を求めて』学芸出版　2001
金沢市都市整備局まちなみ対策課『金沢市の都市景観施策』平成18年版
菊池威『田園都市を解く』技法堂出版　2004
田村明『まちづくりと景観』岩波書店　2005
土田旭編著『日本の街を美しくする』学芸出版　2006

西村幸夫編著『都市美：都市景観施策の源流とその展開』学芸出版　2005
日本経済新聞『社説』2004 年 1 月 6 日
松原隆一郎『失われた景観――戦後日本が築いたもの』PHP 選書　2002
真鶴町役場『真鶴町まちづくり条例』
山本恭逸『コンパクトシティ――青森市の挑戦』ぎょうせい　2006
OECD 対日都市政策勧告『再生！日本の都市』ぎょうせい　2001
アレグザンダー他著　平田翰那訳『パタン・ランゲージ』鹿島出版　1984

André Sorensen *The Making of Urban Japan* Routledge 2002
Ashworth, William. *The Genesis of Modern British Town Planning* London 1954
（アシュワース著　下總薫監訳『イギリス田園都市の社会史』お茶の水書房　1987）
Breheny, M. J. eds *Sustainable Development and Urban Form* Pion 1992
Mumford, Lewis *The Culture of Cities* Harcourt Brace Javanovich 1938
（マンフォード著　生田勉訳『都市の文化』鹿島出版　1974）
Office of the Deputy Prime Minister 'Planning Policy Statement 1: Delivering Sustainable Development' The Stationary Office 2005
http://www.mlit.go.jp/crd/city/plan/03_mati/05/index.htm（国土交通省都市計画ホームページ）

Chapter 2

British Urban Transport Strategies for Sustainable Development

David Foot

1. Introduction

The biggest transport change in Britain, and throughout the world, over the last 60 years has been the rise in car ownership. From 2 million cars in Britain in 1950, there were over 26.2 million by 2006, with over 32.9 million vehicles in total. The distance people travel by car has increased by 1040% over this period. At the same time, bus travel has halved, although rail travel, after remaining steady for decades, has increased over the last 10 years. Car travel accounted for 25% of all travel in 1950 but by 2006 it had risen to 85%.

This change in travel mode has had a dramatic impact on urban areas. In Britain over the last 200 years, the growth of towns and cities has been shaped by the available transport. A change in transport mode means that a city that has developed to suit one form of transport finds it difficult to cope with the new form of transport (Hall 1992). The huge increase in car travel in Britain has brought great benefits to the population, but has also created big problems for urban areas. A town street pattern that was designed for good public transport has become overwhelmed with car traffic. From 1950 to 1990, every effort was made to accommodate the car, but since about 1990, more effort has been made to restrain car use.

This chapter explains how urban areas in Britain have dealt with the change in travel mode and increase in personal travel since 1950. All the different policies will be described and assessed in terms of their effectiveness and sustainability. However, to begin with, a brief description of urban growth, sustainable transport and Government transport policy will set the background.

2. The Growth of Towns and Cities in Britain

The growth and development of urban areas is determined by the development of their transport facilities (Hall 1992). When methods of transport change, then urban areas may struggle to adapt. The introduction of trains, trams and motor buses allowed the growth of urban areas using good public transport. The growth of car travel over the last 60 years has allowed even greater growth and development. However, this individual form of travel has caused huge problems to towns and cities. The old street pattern of these public transport cities is now being used by car traffic and causing a whole range of problems.

Before 1840, towns were very compact because most people walked everywhere. Then came the steam train, although this mainly provided fast travel between cities. However, when electric power became available from the 1880s, electric trams and electric suburban railways allowed a rapid suburbanisation of towns and cities. At this time, the urban areas contained industries, offices, housing and shops, with most people still travelling only short distances to work. In the 1920s and 1930s, the motor bus encouraged even greater urban sprawl and ribbon development along roads leading out of the city. By the 1940s, Britain had densely populated towns and cities that were served by good public transport.

By the 1940s it was recognised that the unplanned urban growth of the 1920s and 1930s could not continue. So in Britain, planning regulations were introduced in 1947 when all new development had to have Local Authority (LA) approval. Over the last 60 years there have been major changes in the land use pattern, but this has been planned development. Large numbers of houses have been built with 60% of all dwellings having been built since 1950 and 75% of all detached dwellings. Housing suburbanisation was initially served by public transport, but as car ownership increased, development spread even further and people commuted to work by car. Also in the late 1970s and 1980s, very large retail centres were developed at out-of-town locations, with people travelling by car to shop. With the decline of industries within the towns, new factories and offices have been developed at new locations which are much more dispersed. All these changes meant that by 2000, jobs, housing and shops were dispersed over an urban area with a great deal of travel movement between them. This is very different from the 1950 situation and very difficult to serve with public transport.

All these changes have caused considerable problems for urban areas today. The centre of most urban areas has an old street pattern. This could be adapted for a public transport system, but cannot cope with the increase in personal car travel. Traffic congestion is a major problem. So many people commute to work by car and use the car for shopping and leisure trips that the roads cannot cope. The urban road system was not built for high volumes of traffic. This causes environmental problems, especially air pollution and noise, car parking difficulties, accidents, problems for pedestrians, and as public transport is less well used, then the service is reduced.

One important point to note is that in Britain, it is free to travel on the roads. There are a small number of bridge tolls and one new short toll motorway around Birmingham, but otherwise there is no charge for driving on the roads. This does seem to make it more difficult to impose restrictions on car drivers. The Government collects revenue from a car tax and from a fuel tax.

3. Sustainable Transport

For transport to be sustainable, it has to satisfy three basic conditions (Black 1998, Tolley and Turton 1995).

- Its rates of use of renewable resources do not exceed their rates of regeneration.
- Its rates of use of non-renewable resources do not exceed the rate at which sustainable renewable substitutes are developed.
- Its rate of pollution emission does not exceed the assimilative capacity of the environment.

Clearly, transport in Britain, and throughout the world, satisfies none of these conditions. All cars, lorries and motor buses use petrol, a non-renewable fuel. Even eclectic trains rely on electricity which is generated mainly by oil or gas or coal. Private transport uses far more resources and is far more unsustainable than mass public transport. Yet in Britain, private car travel has increased to 85% of all distance travelled. Also, freight is now moved mainly by road with only large bulky materials like coal, oil, quarry materials and containers using rail.

The increase in motor vehicle use has caused considerable environmental degradation (Whitelegg 1993, Tolley and Turton 1995). Air pollution from transport has become a major problem in urban areas, as well as being an important factor in global warming. Congestion, which now occurs in all British urban areas, creates even greater air pollution and environmental problems. In Britain, over the last 10 years, environmental problems have been recognised as a major concern and a policy of 'making the polluter pay' in relation to industry and transport has gained acceptance.

The three basic conditions for sustainable transport can be extended to a set of objectives that can be a practical guide for transport planners (Whitelegg 1993).

- Transport is a vital element in economic and social activities but must serve those activities rather than be an end in itself.
- The consumption of distance by freight and passengers should be minimised as far as possible.
- All transport needs should be met by the means that is least damaging to the environment.
- There should be a presumption in land-use planning against those activities which by nature of their size and importance attract car-based users from a large area.
- All transport investment plans should be subjected to a full health audit. Proposals which are potentially health damaging should be rejected.
- All transport investment plans should have clear objectives designed to cover social, economic and environmental concerns.
- All transport investment should be monitored over their lifetime to check on the degree to which they meet their objectives and their contribution to environmental damage.
- All transport policy matters should be dealt with in a transport policy directorate that has no direct responsibility for the management of individual modes.

All transport schemes can be judged against these objectives. Transport can never be wholly sustainable, but it can be much less unsustainable than it is at present.

Transport provision is something with which everyone has an opinion and so there are often major problems for Governments when they try to restrict car travel. Getting motorists to accept more sustainable, and hence more restrictive policies, requires a strong political resolve by the Government and LA. However, all motorists can vote at elections and so politicians have often followed policies that cause least opposition. In Britain, and in most developed countries, this is no longer possible, as the high level of traffic congestion in major towns and cities requires some form of traffic restraint.

Transport and land use planners in Britain have followed a whole range of policies over the last 60 years as they tried to increase the economic and social welfare of the population. The policies have changed over the years as car ownership and car use has increased. There is no one policy to follow, but a number of policies, all of which try to improve the transport infrastructure and mobility and create economic development. Recent policies are increasingly aimed at a more sustainable transport system.

4. Transport Policy

In Britain, Central Government sets out general transport policy and controls all the finance. Local Authorities organise and implement road plans and receive an annual allocation for maintenance and minor road works, but has to request extra finance for larger schemes. Central Government also organises the major road systems in Britain.

From 1945 to the early 1990s every effort was made to provide more road space. This involved traffic management schemes to achieve maximum flows of traffic on existing roads, and an extensive road building program. The policy became known as 'predict and provide' where the supply of road space was expanded to fit the ever increasing demand. It was a policy followed by every developed country in the world. In Britain a large national motorway network was built between 1959 and about 1985. Traffic management schemes were applied extensively and very successfully to existing roads, and especially in urban roads. To promote public transport, many bus lanes were provided on roads in urban areas. All these schemes helped to increase traffic volumes in urban areas, but still there was traffic congestion.

Estimates of future car ownership, car use and congestion are made regularly. By the late 1980s, the predicted growth 1987-2002 was between 80% and 100% in distance travelled by car. So after 40 years of trying to accommodate increasing numbers of cars in urban areas, by the early 1990s it was generally recognised that limits had been reached on the provision of extra road space. Therefore, since the mid-1990s, there has been a change in policy to one of 'traffic demand management', a policy that tries to influence demand for road space so that it fits the supply. In the mid-1990s, a higher fuel tax was introduced and in the late 1990s, the Government announced that new road building would be a policy of last resort. In 2000, Parliament passed a bill that allowed LAs to introduce congestion charging, with money collected being spent on transport improvements. The bill also allowed LAs to introduce workplace car parking fees on companies in their area in order to discourage people travelling to work by car.

It can be seen that transport policy up to 1990 which tried to supply as much road space for cars as possible, was not a sustainable policy. Economic development was far more important than a sustainable policy. This changed during the 1990s and today, while economic development is still the most important factor, sustainable development is also given a high priority. It is useful to look at the different transport policies, in order to assess their success in terms of sustainability.

Since the growth of car ownership and car use is causing severe congestion problems, as well as social and environmental problems, many transport policies are aimed at changing car drivers travel mode. Some policies aim to encourage people to use public transport, cycle or walk rather than travel by car, while other policies aim to restrict car use, like parking restrictions and congestion charging. In Britain, these policies are referred to as 'carrots' and 'sticks'. Earlier policies tried to encourage car drivers to change mode, but since people are reluctant to change, then car restraint measures are now being implemented.

Organising transport in an urban area requires a whole range of strategies. There is no one policy that can solve all the problems. Some policies deal with land use changes, road changes and car parking, others with providing good public transport, while others restrict the movement of cars. It is hoped that overall, they provide a good transport infrastructure for an urban area. The rest of this chapter examines the transport strategies used by LAs and looks at their sustainability and evaluates their level of success.

5. Road Schemes

As car ownership increased, the initial response of LAs in urban areas was to expand the road space available with traffic schemes and new urban roads. However, as traffic continued to increase, it became necessary to ban cars from central shopping streets and apply traffic calming to some residential streets.

Maximise the Flow of Traffic on Existing Roads

The first traffic policy in urban areas was to adapt the existing roads in order to increase traffic flows. This was achieved by introducing one-way streets, traffic lights, roundabouts, changing the road layout and restricting parking. These changes have worked well and roads do carry their maximum flow. However, there is a limit to what changes can be made. As car use has increased, congestion has become worse, particularly at peak journey to work times.

Build New Urban Roads

In the 1950s and 1960s building new roads was considered to be the solution to traffic problems and many towns and cities built an inner ring road around the central area. It was soon realised that this took up too much land, divided communities, generated even more traffic and did not solve the traffic problems. It was not a sustainable policy and so there has been very little urban road building over the last 40 years.

Pedestrianisation of Shopping Streets

As car use increased, the main shopping streets in every town became congested, which made shopping an unpleasant experience. From the mid-1970s onwards, every town and city in Britain has banned traffic in the main shopping streets and allowed only pedestrians. This has been a very successful policy and all central shopping areas are now pleasant car-free areas in which to shop. At the same time, new covered shopping malls have been built within the central shopping district and linked to the pedestrian areas.

Traffic Calming

Road traffic was not just a problem in the central shopping district, but also a problem in other parts of an urban area. Traffic calming is aimed at reducing traffic speed and volume on certain roads in residential areas, close to schools or other accident black spots. It can involve building humps in the road, narrowing the road and mini-roundabouts. Another method is to reduce the permitted road speed to 20mph (miles per hour). Traffic calming is effective and certainly does reduce traffic speeds. It is popular with residents but less popular with motorists.

6. Car Parking

There are severe restrictions on roadside parking in central urban areas. This is to allow traffic to flow more freely on the roads and it also allows the LA to control parking in the central area. Short stay parking is permitted on a few roads in urban areas and LAs employ traffic wardens to enforce all the restrictions. Multi-storey car parks have been built in every large town and city and therefore motorists have to pay in order to park their car, the longer the stay, the greater the charge. The idea is to encourage car owners to use public transport, but most car owners are willing to pay for the convenience of driving their car into the central area.

The dilemma for a LA is that it wants people to come into its town or city to work and to shop, but at the same time the roads cannot cope with the traffic congestion this causes. Shop owners want as many customers as possible and a LA does not want to discourage people coming to the central area with car parking restrictions that are too severe. For example, a very large new shopping mall was built in Reading Town Centre in 1994, together with two large car parks. The retailers want customers, the customers want to go to the shops, but there are times when the road system cannot cope with all the cars. It is a problem for the LA to implement a social, environmental and sustainable transport policy while pleasing the retailers, car owners and pedestrians.

There is also a problem within some older residential areas where the houses do not have off-street parking. In Britain, unlike Japan, car owners are allowed to park on the road, which means that many older residential streets are lined with cars. Some LAs now charge residents to park their cars overnight outside their houses.

7. Bus Provision

Public transport has had great difficulty competing with the car. In Britain since 1950, bus travel has halved. In 1950, 42% of all personal travel was by bus, but this was down to just 6% by 2004. At the same time, car travel has increased from 25% to 85% of all personal travel. These are national figures although most bus services do operate in urban areas. LAs have tried many ways to improve the appeal of bus travel and encourage more people to use the bus rather than the car.

Bus Priority Schemes

As road congestion on urban roads increased, so bus travel times increased because they were caught in the same congestion. Therefore, from the 1970s onwards, bus lanes were introduced on some urban roads. With one lane for buses only, this allowed buses to bypass the congestion and arrive at the centre much quicker. If a journey is quicker by bus, then it is hoped that car drivers will be diverted from using the car to taking the bus. This has had some impact but still people prefer to use their car. Every city in Britain has bus lanes, with car drivers fined if they use the lanes.

Park and Ride

In order to keep cars out of the city centre, many LAs have introduced Park and Ride schemes. Car parks are provided on the edge of the town or city, with a dedicated bus service taking people from the car park to the city centre. These schemes have been introduced to all urban areas over the last 25 years, except the very large cities. They are successful, in that the last part of a journey to an urban centre is by public transport and overall the schemes do reduce the environmental and social costs of travelling within an urban area. One good example is the city of York with its historic city centre and cathedral. Unable to cope with the car traffic, it introduced Park and Ride schemes on major routes into the centre. At the same time, severe restrictions on car movement and car parking near the centre were introduced. Now, large numbers of cars are parked on the edge of the city with people travelling by bus to the centre. Traffic in the centre has been reduced and overall the scheme has considerably improved the city centre environment. A Park and Ride scheme in Reading not only takes car drivers to the town centre, but also to the main hospital where there is little space for car parking.

Bus Privatisation and Deregulation

From the 1930s to the 1980s, bus provision in urban areas was highly regulated and very often operated by the LA. As car ownership increased, so passenger numbers decreased and subsidies on certain routes increased. In 1980, long distance bus services were privatised and deregulated, with the same thing happening to urban bus services in 1985. A deregulated bus service means that any bus operator can run on any route, anywhere in Britain. The effect of these changes was that on major routes, bus frequency increased and fares were lower. However, on other routes and at off-peak times, the service was poorer and fares higher. Also, subsidies to bus companies were reduced. The private bus companies have made every effort to attract passengers, but since 1985, passenger numbers in urban areas have continued to decrease as more people travel by car.

8. Rail Provision

For most towns and small cities, rail travel within the urban area is not an option. However, for a few very large cities, rail is an important part of transport provision. London has the Underground and suburban railways, and large numbers of people commuting into the city by mainline rail.

New Light Rail Transit

From the 1880s to the 1920s, the growth of urban areas relied on a good tramway system. These were gradually replaced by motor buses which gave greater flexibility. By the end of the 1950s all light rail had been removed from British towns and cities. Mass passenger transport was by motor bus except in London which had the underground and suburban electric rail systems. This is very different from many other European cities that have retained their tramway systems. The problem with motor buses is that they get caught in traffic congestion and they cause pollution. Therefore over the last 15 years, some cities have built new light rail systems. Manchester (1985), Sheffield (1990), Croydon (1998), Nottingham (2004) have all developed tramway systems through urban streets while the Newcastle Metro (1980) and the London Docklands Light Railway (1985) uses dedicated track. These light rail systems are expensive to build and cities rely on EU and British Government funding. However, they do carry large numbers of passengers and cause far less pollution than motor buses.

Railways

Railways in Britain are largely for intercity passenger travel with most freight now being moved by roads. Only in a few very large cities, in particular London, do railways act as commuter routes. Indeed, 70% of all railway journeys in Britain either end or start in London. From the 1950s, railways in Britain suffered from under-investment even though they were state owned. In 1995 the whole railway system was privatised, but in a rather strange way with the separation of track, rolling stock and train operations and sold to different companies. Despite rail travel being expensive and sometimes unreliable, passenger numbers have increased and on some routes there is overcrowding. Part of the reason for privatisation was to gain private finance to improve the rail infrastructure, but this is a long term aim. The railways still rely greatly on Central Government for finance.

London Underground

The London Underground carries nearly 1000 million passengers each year and provides a dense network of public transport. However, just like the railways, it has suffered from underinvestment for many years. To improve this system, the underground was privatised in 2003, called a Public-Private Partnership. It is now run by three private companies under the overall management of TfL (Transport for London). Delivery dates for infrastructure improvements are written into the contracts. With better track and signalling systems, a greater frequency of trains can be gained and hence the capacity of the underground can be increased. Again, this is a long term strategy.

9. Strategies to Reduce Car Travel

There are transport strategies that can reduce car travel in an urban area. This can be a change of travel mode or a reduction in the need to travel, and will lead to an environmental improvement. The problem for a LA is that it can encourage these changes but has no power to enforce them.

Encourage Cycling

In Britain 11% of all travel distances in 1950 was by bicycle. This quickly reduced to 1% of trips by 1970 and well under 1% of trips by 2004. As traffic volumes on roads increased, cycling became quite dangerous, and the number of cyclists quickly reduced. This has not happened in other parts of Western Europe, like the Netherlands and Germany, where cycling still accounts for a large number of trips. Cycling is an environmentally good method of travel and attempts have been made to improve facilities. Since cars and cycles travel on the same narrow and often crowded roads, some dedicated cycle routes have been constructed within urban areas. However, it is difficult to provide any sort of network of cycle routes and so most urban areas have bits of disjointed cycle routes. Consequently, there has been only a very slight increase in cycle use. Sales of bicycles have increased, but these are mainly used for off-road leisure use.

Car Sharing

Over 70% of all car journeys in Britain are with one person, the driver. Therefore, increased car sharing would reduce traffic on the roads. People cannot be forced to share a car but incentives can be applied. Firstly, multiple occupancy traffic lanes on major roads in urban areas can be introduced. This method is applied in some USA cities and there is an experiment in Leeds being undertaken in 2006. Secondly, journey to work car sharing can be encouraged by using cash incentives. For example, Vodafone opened a new Head Office in Newbury in 2002. To reduce car travel to work and car parking spaces, Vodafone pay a bonus to their staff if they share car and an even bigger bonus if they use public transport for their journey to work. People are reluctant to give up use of their own car, so a combination of cash incentive and parking restrictions are needed. The potential for traffic reduction with these schemes is high. However, by 2005 they have had little impact as car drivers seem willing to pay for the convenience of driving their own car.

Work Place Changes

There are several changes to work place practices that can help reduce traffic congestion. More flexible work times can spread the traffic load around morning and evening peak periods. It is even better if trips can be eliminated. People can work from home much more and so do not need to make the journey to work trip on certain days. Video conferencing can reduce some business travel. There are many other methods, but a LA can only work with businesses to encourage these types of changes.

10. Land Use Policies

Britain has had strong planning controls since 1947. All new development has to be approved by the LA and conform to a land-use plan approved by Central Government. However, up to about 1990, the planning system probably created greater travel with the dispersal of housing, businesses and retailing over an urban area. New housing was built in the countryside or on the edge of towns (greenfield sites) and any new businesses were dispersed over the urban area, but kept away from residential areas. Then in the 1980s retail centres were developed away from town centres. All these land use changes created much greater travel movement of people and goods, much of it by car.

Since 1990, there has been a change of policy. Firstly, dispersal of retailing has been stopped with LAs supporting strong town centre shopping. Secondly, there has been a big change in the location of new housing. In the 1980s, many large industries closed and these were mostly near the town centres. These old industrial sites (brownfield land) can be redeveloped and much of it has been for new housing. The Government want 60% of all new housing to go to brownfield sites with the other 40% to greenfield sites. Previously, nearly all new housing was located in greenfield sites. In Reading, many new apartment blocks and new houses have been built on old industrial sites near the town centre. The policy is to revive town centres and for people to reduce their journey to work travel times.

These new land use policies are having some success, but the big problem is that changing travel patterns with land use changes, is a very slow process. Changes can be made when redevelopment occurs on old sites or greenfield sites are developed, but each year this represents a very small percentage of the total urban land.

Green Travel Plans

One planning policy introduced in 1998 was for all businesses that employ more than 30 people, to draw up a green travel plan. This sets out how they will try to reduce vehicle movements by encouraging public transport use and discouraging car travel by charging employees to park their cars at work. No new development can be approved by a LA unless a green travel plan is also submitted and approved. For example, Reading University has a green transport strategy which has to be submitted for examination every time planning permission is sought for a new building. The Green Travel Plan for Vodafone at Newbury was aimed at car sharing and promoting bus travel with financial incentives. The policy makes businesses think about the environmental impact of their employees and how this could be reduced. It also gives LAs some power to force businesses into taking action.

11. Taxation Policies

The Government applies a number of taxation policies aimed at motorists. These can be regarded as environmental policies to discourage car travel but are often regarded by motorists as a way of gaining a large revenue for the Government.

Car Tax

In Britain, all car owners pay a car tax to the Government each year, with smaller cars charged at a slightly lower rate. A current car disc has to be displayed on the front windscreen of every car. This tax does provide a central record of the owner of each car and the current tax disc on the car can be inspected. However, it is not a deterrent to car use, as the car tax is the same if a car is driven 500 miles or 50,000 miles in a year. It is the tax on fuel that affects those car drivers travelling the greater distance.

Fuel Tax

The tax on fuel has been quite high since the 1950's. However, as congestion increased and environmental problems worsened, it was decided in 1993 to increase this tax each year by the rate of inflation plus 2%. This continued up to 2001 when tax on fuel became about 75% of the total cost. The idea is to deter people from using their car and hence reduce congestion. What happened was that it led to public unrest and a fuel depot blockade and so in 2001, the extra 2% tax each year was removed. This shows the difficulty of implementing restraint policies against motorists. The car lobby is very strong and politicians are very careful not to offend them. Britain still has the highest fuel tax and highest fuel prices in Europe, but still people continue to use their cars and cause congestion.

Travel Costs

One big problem with trying to encourage people to use public transport is the high fares. The cost of travel on public transport in Britain is the highest in Europe. London Underground fares are well over three times the cost in Paris. Rail travel is very expensive, although long distance coach travel is quite cheap. A further problem is that over the last 30 years, motoring costs have increased at a slower rate than the costs of public transport. This means that each year the relative cost of using the car improves. It is now cheaper for a family to travel by car than to use public transport. The one exception is travel to and within London. This trend is the opposite of what is required if more people are to be encouraged to use public transport.

12. Congestion Charging

Despite many strategies to encourage people to reduce car travel, traffic congestion and environmental pollution has continued to worsen in urban areas. The only alternative strategy is to introduce severe restrictions on car use in urban areas, and so in 2000, the Government introduced a law that allowed LAs to apply congestion charging on roads.

The idea of congestion charging has been discussed for over 50 years (see May 1992). Economists argue that congestion is a market failure and that urban motorists do not pay the full cost of their use of a scarce resource, road space. Charging motorists an extra fee for entering an urban area will create a market for road space, with some motorists deterred by the cost while others will continue to make their journey and pay the fee. The elasticity of demand for road space is not known and only when the scheme is implemented will the true impact be known. With a decrease in congestion and fewer trips, there will be an improvement in the environment of the urban area. Pedestrians can enjoy walking in a more pleasant central area, with less traffic and less pollution. The effect on businesses is generally positive as accessibility is improved. Small businesses might be adversely affected but most businesses prefer to pay a fee to travel on less congested roads, rather than the costs of a congested road system.

Congestion charging has to be implemented alongside several other sustainable schemes already outlined. If people are to be deterred from using their cars, then a good alternative public transport system is needed to serve them. Also, control over car parking is required, both parking at work and in public car parks. Above all, there has to be a strong political resolve to implement congestion charging. Motorists in Britain do not pay to use roads and they are opposed to restrictions on their freedom to drive anywhere. A LA has to be very determined to implement a scheme.

There are still very few cities in the world that have introduced congestion charging. This is mainly because of a lack of political will, but also because of the technical difficulties involved in introducing a scheme. The best example is Singapore which has been running a scheme in its central business and shopping district since 1975, firstly by a manual system and since 1995, an electronic system (see Hoyle and Knowles 1998). The Singapore Government decided that a small island with a large population (over 3 million in 2001) could not cope with high car ownership. As well as congestion charging, they have made car ownership extremely expensive and put limits on the number of new licenses issued. A second country to introduce congestion charging is Norway in the early 1990s when it was introduced in Oslo, Bergen and Trondheim. The fee is not high and the number of motorists deterred was rather small, but since the money collected is used for transport improvements, the scheme was accepted by the public. This was not the case with a pilot scheme in Hong Kong in the 1980s which worked well, but was abandoned for political reasons. The most recent example is London which introduced congestion charging in 2003.

13. London Congestion Charging

In February 2003, congestion charging was introduced into Central London. Any vehicle driven into the 21km zone between 7.00am and 6.30pm, Monday to Friday (excluding public holidays) has to pay a fee, originally £5, but increased to £8 in July 2005. There are 174 entry and exit points around the zone (London Transport Website 2003, BBC London Congestion Charging Website 2003). All vehicles are observed from 230 pole positions, of which 180 are on the edge of the zone. There can be up to 7 cameras on each pole, which means every single lane of traffic is monitored at both entry and exit points. Therefore, no in-vehicle equipment is required to operate the system. Vehicle owners have to pay the fee before or during the day that they enter the zone. The fee can be paid on the web, by telephone or at retail outlets in the zone.

The congestion charging scheme is very simple for motorists to use. They just pay the fee sometime during the day that they enter the zone. However, it is a huge technical exercise to organise and Transport for

London (TfL) has engaged a private company, Capita, to operate the system. The cameras provide high quality video-stream signals and use x-wave technology to provide good pictures in poor light. The cameras are linked to an Automatic Number Plate Recognition computer system that records the exact date and time of the image. The vehicle registration number is checked against the list of vehicle owners that have paid the fee. Those not yet paid have until midnight to pay the fee, otherwise a penalty notice will be issued to the vehicle owner.

For the year before the scheme was introduced, many traffic management schemes were undertaken. Extra bus lanes, changed vehicle flows, rephasing of traffic lights and road calming measures were undertaken to allow the scheme to run smoothly. The only conceivable way of providing extra public transport was to provide extra buses (London Transport Website 2003). Over 200 extra buses were run on routes into the zone from February 2003. In the future, an improved Underground could carry more passengers.

There was considerable opposition to the scheme, but it has run very smoothly from February 2003 onwards. All the technology has worked, the cameras, the computer systems and the organisations behind them. After 3 months of congestion charging, surveys showed that congestion inside the zone had reduced by 40%, the number of vehicles had decreased by 16% and the average speed of vehicles had increased from 9mph to 11mph. Public transport coped adequately with the extra passengers and pedestrians enjoyed a less congested Central London. On an average day 110,000 payments were made, with 98,000 individual motorists and 12,000 company vehicles.

By 2005, congestion levels in the charge zone were 22% lower than in 2002 and traffic had reduced by 14%. Bus services have been improved and cycling increased by 43%. Air quality is much better, with the most harmful vehicle emissions down by 13–15%, and road safety has improved. In addition, the congestion charge provides funds to improve the transport system. However, there is still opposition to the scheme from motorists, residents and especially from businesses. Many businesses claim that their income is down, they have fewer customers and they will have to reduce their staff. How far these are the direct result of congestion charging and how far they are the result of general economic change, is difficult to say.

Will congestion charging be used in more towns and cities in Britain? This is doubtful. Central London is a unique situation. About 1.1million people enter Central London each day and 85% already used public transport. Therefore, an extensive public transport system already existed which was available for those people changing mode of travel away from the car. The 40,000 people who live in the charge zone and own a car are entitled to a 90% discount on the fee. However, in 2007, the charge zone will be extended westwards to include Kensington and Chelsea. These are mainly residential areas and so greater opposition to the scheme is expected. Other cities and towns in Britain have a very different pattern of employment, residential population, public transport provision and level of car use. Congestion charging would produce many more problems than in Central London. For example, Edinburgh had planned to introduce congestion charging to its central area, but after some opposition, the LA carried out a public referendum on the scheme. The referendum went against congestion charging and so the scheme has been abandoned. However, the LA has no other ideas on ways to reduce the traffic congestion and so the city centre will continue with its traffic problems.

14. An Integrated Transport System

All the transport schemes that have been explained should reinforce each other to produce an integrated transport system that aims for sustainable transport. However, this has not happened, partly because there is no one organisation that is in overall control of transport. LAs control land use planning and road schemes. Private Companies run the bus and rail services. Businesses organise their own work place parking. Central Government controls all the finance and set the taxation policies. Central Government introduces policies but LAs have to agree to implement them. With the provision of transport so fragmented, it is difficult to gain cooperation between the different groups and provide an integrated system.

Newcastle in NE England is a good example. In the 1980s the LA was moving towards an integrated system of public transport with a metro and buses linking with metro stations. However, in 1985, all bus services were privatised and later the metro was privatised. These are now private companies and there is competition between buses and the metro, with more buses travelling into the city. The LA no longer has control of bus and metro provision and there is no integration of services.

Also, there is no control over freight movements. Businesses organise their own freight movements which is almost always by road because this is cheaper and more convenient than by rail. Consequently lorries are supplying businesses and retail outlets throughout the day and night. This has considerable effect on the environment and increases congestion.

The only city in Britain where transport is beginning to be more integrated is London. In British towns and cities, a mayor is a ceremonial position and carries no political power. Then in late 1990s, the Government changed this situation and allowed some cities to elect a mayor. In 2000, the first Mayor of London was elected. The Mayor does have considerable control of the transport systems through Transport for London (TfL). They have control over the running of the underground system and bus services in London, although these are operated by private companies. They have responsibility for the road system and so can carry out all types of traffic management and introduce congestion charging. So, after many years of under investment, the transport system in London is at last moving forward and becoming an integrated system. A good transport system is essential for the 2012 London Olympics. Unfortunately, there is no other organisation like this in any other city in Britain.

Everyone knows that transport in Britain is not sustainable. Everyone knows that car traffic needs to be restrained. Everyone knows that public transport should be used much more. Everyone knows that integrated transport systems are needed in urban areas. However, most car drivers continue to drive their cars everywhere. Driving a car is seen as an essential freedom and people refuse to change. With car ownership and car use rising each year, Britain has reached the point where persuading drivers to change mode is not working and so drastic restrictions, like congestion charging, are becoming the only alternative.

15. New Technology

When a transport crisis has occurred in Britain in the past 200 years, the problem has been solved by the development of a new transport technology (Hall 1992). When better transport was required to further develop the Industrial Revolution, steam trains were invented and a national rail network developed. When better mobility was required in urban areas, electric trams and electric trains were invented. When better personal mobility was required, the combustion engine for cars, lorries and buses was invented. All these inventions, plus the bicycle, are well over 100 years old and yet the transport system in urban areas today is just a modified form of these methods of travel. The big technological advances in transport, especially over the last 60 years, have been in air travel but this does not help land travel in urban areas. Also over the last 60 years, there has been an unprecedented array of new technology developed, particularly in computer systems and communications. These developments have helped to improve the road and rail infrastructure.

New Technology for Road Vehicles

Advances in technology have made cars and other road vehicles much safer to drive and less polluting. However, all vehicles still use the combustion engine, a technology that is well over 100 years old and causes so much pollution. There are a number of alternative fuels that can be used in motor vehicles to reduce or eliminate air pollution. Biofuels is one alternative that is suitable for existing diesel engines and is currently being used by some buses and goods vehicles. It is a biomass fuel that is generally a product of organic matter like corn, soybean, flaxseed, sugar cane or palm oil and can be used on its own or mixed with diesel fuel. Biofuel is a more sustainable fuel but one concern is that if it was widely used, it would have a big impact on farming around the world. Other alternative fuels require new engine technology and therefore are a very long term solution. Some electric cars have been built but here the problem is the short maximum travel distance, the large heavy battery and the long recharge time. A better alternative seems to be the use of hydrogen fuel cells for motor vehicles. Hydrogen is a sustainable fuel that can be manufactured easily. It is vehicle emission free, more efficient than a petrol engine and a vehicle can travel further before refuelling. Since hydrogen is a combustible gas, there are safety concerns, but it is safer than petrol in a car. Several motor manufacturers are already producing hydrogen fuel cell cars, but before these vehicles can gain widespread use, hydrogen needs to be available at all petrol stations. These new fuels would reduce or eliminate air pollution, but would not reduce the number of vehicles on the roads, or the congestion.

New systems technology has helped in the organisation of traffic on the roads. It has allowed cameras and automated traffic lights to be installed on roads which has improved the flow of traffic. However, systems technology has been most successfully applied in restraining vehicles. The London Congestion Charging scheme which opened in 2003, relies completely on new camera and computer technology. The scheme could not have been introduced 5 years earlier because the technology was not available. Also, there are experiments with new satellite tracking technology which could identify cars on all the roads of Britain and then charge the car owner. However, the implementation of this type of system would be in 10 or 20 years time, but the congestion problem is right now.

New Technology for Public Transport

Buses are safer, more comfortable and some run on renewable fuel. Railways in Britain abandoned steam trains in the 1960s and now operate electric and diesel trains. New high speed trains and tilting trains have been developed but all these changes are modifications to the existing system. There are experiments with guided bus systems and magnetic levitation trains but these would have very little impact on urban transport problems. The new technology is best used for increasing flows on existing infrastructure using new control systems and communications technology. Better signalling and points control on surface and underground railways, can greatly increase the frequency of trains and hence increase passenger capacity. Also, the new technology allows for more and better information to be given on screens at railway stations and particularly at bus stops in many urban areas.

Overall, there does not seem to be any dramatic new transport technology that will solve transport problems in urban areas. New technology can continue to improve safety and reduce pollution. New technology can continue to improve the control systems on railways and roads. However, the basic problems of high traffic volumes that cannot be accommodated in urban areas will remain. All the different schemes outlined in this chapter can be applied, but as the situation deteriorates, then it seems that severe constraints on vehicle use in urban areas are becoming the only option.

16. Global Warming

In Britain during 2006, there was a significant change in the perception of environmental pollution and global warming. It moved to the front of the political agenda with several reports published, conferences held, many TV programmes screened and with politicians and the public expressing their concern. Transport makes a large contribution to greenhouse gases and hence global warming, and so politicians are now looking much more favourably at ways to reduce the impacts. It could well be that the danger of global warming might finally lead to politicians promoting policies that reduce the environmental impact of car travel and the public at last accepting restraints on their car travel.

References

Black, W. R. 1998, *Sustainability of Transport*, in Hoyle, B. and Knowles, R. (eds), Modern Transport Geography, Chichester UK, Wiley.

Hall, P. 1992, *Transport: Maker and Breaker of Cities*, in Mannion, A. and Bowlby, S. (eds), Environmental Issues in the 1990s, London, Wiley.

Hoyle, B. and Knowles, R. (eds) 1998, *Modern Transport Geography*, Chichester UK, Wiley.

May, A. D. 1992, *Road Pricing: An International Perspective*, Transportation, 19(4).

Social Trends UK, 2005 Edition No. 35, HMSO National Statistics, London.

Tolley, R. S. and Turton, B. J. 1995, *Transport Systems, Policy and Planning: A Geographical Approach*, Harlow UK, Longman.

Transport Statistics Great Britain, 2005 Edition, HMSO National Statistics, London.

Whitelegg, J. 1993, *Transport for a Sustainable Future: The Case for Europe*, London

UK, Belhaven.

Websites

BBC London Congestion Charging Website (25/8/2006)
/http://www.bbc.co.uk/london/congestion/
London Transport Website (25/8/2006)
/http://www.londontransport.co.uk/tfl/cc_fact_sheet
Transport for London Website (25/8/2006)
/http://www.tfl.gov.uk/tfl/

■第II編■

日本型都市モデルの再考

第３章

地域開発の課題と方向性

徳田 賢二

1. 地域開発の意義

いくら詳細な議論を展開しても現実の政策課題の処方箋にならなければ何の意味も無い。地域ごとに千差万別な困難な課題を背負っている。自然破壊に苦しむ町，炭鉱閉山により過疎化が一気に進行する都市，地方債の債務圧力に財政運営の自主性を制約されている県，中核企業が海外進出し空洞化の危機にある都市，基幹産業に乏しく発展力の基盤の無い地域，高齢化が進み負担増・活力減のジレンマに苦しむ多くの地域等々，山積みされる課題には枚挙の暇が無い。一つ一つが難問だらけ。これらの課題解決にはウルトラＣはあり得ない。全ての課題は相互に絡み合っている。

A. マーシャルは『産業と貿易』の中で「All in one, One is all」と，あらゆる経済現象の相互依存関係を表現している。故中山伊知郎教授はその意味を「経済世界の現象は，価格であろうと生産であろうと，また消費であろうと，一つとして他と無関係のものはないということである。たとえば一本の大根の値段が上がったという場合，それは肥料の価格や農機具の価格が上がったためかもしれないし，農業労働者の賃金が上がったためかもしれない」（中山〔1967〕）と説明している。地域風土を守りつつ経済活力を維持していく方策は各課題の相互関連，因果関係，ひいてはそこに関わる社会政策，産業政策など諸政策相互の関連を意識した政策運営の中から自ずと生まれてくる。

地域開発とは「地域の［A］政策の［B］課題の処方箋」である。Aには地域発展，社会，資源，産業，市場のいずれか。BにはA政策を実行する上でネックになっている事項，是正すべき事項が該当することになる。例えば社会政策の観点では都市部では住宅難，交通難など生活環境の悪化，逆に地方部では人口流失によるコミュニティの縮小・消滅の危機などが大きな問題になっている。その問題解決のために例えば都市部では住宅整備，道路整備，地方部では公民館，生涯学習施設の設置などが適用されることになる。特に人口流失は人的資本の減少，発展力の低下につながるもの。人的資本の減少という資源政策の課題は，即不十分な生産要素に基づく産業生産性の低下という産業政策の課題，従って産業が十分な成果を生み出す力がないことによる地域経済力，発展力不足という発展政策の課題につながっていく。それら課題解決のために例えば半導体など大企業誘致を進める，その受け皿として工業用地開発を進める。それが開発政策の役割になる。しかし今度は進出企業の新しい住民が地域に入ってくることになる，彼らのための生活環境を整備するという社会政策上の課題が新たに浮かび上がってくる。都市生活に慣れた人々にとって職場と同様に衣食住さらに遊ぶ環境も重要な生活要素になる。従って十分な商業施設，レジャー施設，住宅施設，子供のための学習施設，遊び場確保などが切り離せない問題になってくる。いずれも開発政策に関わってくる。地域自前で完備することが難しければ，それらが整った地域へのアクセス，交通手段を整備することが必要になる。これも重要な開発政策である。

地域開発は一様なものではない。地域開発は不十分な社会資本ストックを改善する地域（基盤）開発と，観光リゾート，商工業など産業展開に含まれる地域（事業）開発に大別される。但しその境界線はオーバーラップしている。例えば広義に考えれば商業開発は収益事業だが，重要な生活基盤の一つでもある。観光リゾート開発も収益性を追求する事業開発だが，その中には関連の社会資本整備も含まれておりベーシックな意味での地域（基盤）開発という側面も持っている。

より細かく分類すると①都市部か地方部か，②内陸部か水辺部か，③再開発か新規開発か，④公共性重視か収益性重視か，(イ)公共性重視なら事業者向きか生活者向きか，(ロ)収益性重視ならいずれの産業に関連しているか，という視点の組合せにより分けられる。その地域に必要な開発がいずれの組合せになるかは，その地域の政策課題次第である。どの政策のどの課題を解決するためにどのような開発が必要とされるのかという視点から必要な開発手段を見出さなければならない。

2．社会資本の特質と種類

地域開発には公共性を重視する「社会資本整備」と収益性を重視する「事業開発」とに大別される。ここでは両者を区分し，その特質，種類を整理する。

(1) 社会資本（Social Overhead Capital）

1．種類：社会資本を機能別に分類することにより，その機能と必要な政策課題の連携を取りやすくなる。

①産業基盤施設：主として生産機能を持つもの。「社会全体の生産活動に対して間接的であっても，生産機能を持ち，それを高めることが投資目的をなすもの」（加納〔1964〕）である。

②生活環境施設：主として福祉機能を持つもの。「より福祉的機能に目的があるもの」（加納〔1964〕）である。

③国土保全機能を持つもの。

2．特質：社会資本には私的生産資本とは異なる幾つかの特徴がある。

①間接性：生産活動に対して間接的効果を持つもの。例えば住宅供給は直接的には地域住民の生活環境整備につながるものだが，間接効果としては広義の企業雇用環境に属することになる。高速道路の開通による効果は直接的な利用料金収入ではなく，間接的な企業誘致効果などにある。新潟県が事実上首都圏の一部を構成しているのも関越自動車道，上越新幹線の開通による

ところが大きい。

②公共性：その利益が特定の投資者ではなく，社会構成員全体に与えられ，その料金も無料，規制料金によっている。典型的な例が灯台，通行船舶は灯台があることの利益を誰に払うわけでもない（Samuelson〔1976〕）。

③輸入不可能性：社会資本そのものが土地にくっついているために，その利益，サービスを輸入できない。

④一括性又は技術的不可分性：大規模投資であるために，その一部分を切り離すことが難しい。道路，鉄道，下水道など一部分を切り離すことに意味がない。

3．三つの経済効果

社会資本の経済効果には三つの側面がある。

①需要効果：「社会資本は建設段階で広範な需要効果を呼び起こす。鋼材，セメント，木材，機械などの関連産業への需要効果や，就労者の雇用効果が波及する経路で，投資一単位での増加が最終的にはその何倍かの需要増加をもたらす。」（加納〔1964〕）

②生産効果：「社会資本は建設完成に連れて生産効果を表してくる。道路建設の場合，輸送費の節減，走行時間の短縮，在庫投資の節約，資本回転率の向上といった道路輸送に関連した効果から，沿道地域における工場の進出，土地改良事業による食糧増産，経営費などの波及的な間接効果までも誘発する。」（加納〔1964〕）

③構造効果：これは社会資本の質的な効果とも言えるもの。さらに三つに大別される。

㋑規模の経済性の創出効果：「社会資本の存在量が大きくなるほど，社会に対する便益を生み出して，産業の供給量単位当たりのコストを低下させるばかりでなく，新しい外部経済をつくりだすことによって，産業活動を刺激し，雪だるま式に経済を拡大していく効果。」（加納〔1964〕）アメリカの大陸横断鉄道に見るまでもなく，鉄道，電力，道路網の発達過程に見られるものである。

㋺投資の補完性効果：「新しい投資が行われることが新しい投資を引き出し，新しい社会資本建設が，新しい民間企業投資の誘発力となること」である。例えば成田空港の開通がTDLの成功，さらに舞浜のホテルラッシュを呼ぶというような投資が投資を呼ぶ効果を指している。(Hirschman〔1958〕)

㋩随伴効果：これは「技術面，制度面における習得効果」を指している。直接的には「管理能力の向上や新技術の習得」，間接的には「社会全般あるいは特定地域の意識，通念，社会組織の変革など」が挙げられる。例えばインターネット，イントラネットの普及が在宅勤務の新しい形態，テレワーク，モバイルコンピューティングを生み出し地域流通，企業組織などに大きな影響を与えている。(加納〔1964〕)

(2) 事業開発

民間事業主体による事業開発はあらゆる産業分野に関わっているといってよい。地域市場の採算性が十分に投資をカバーするものならあらゆる事業がその範疇に入ってくる。ここではそれら民間事業開発が何らかの装置を伴っているという意味で「装置プロジェクト」と呼んでみる。大型の建造物，構造物を第三者に利用させることによって収益を得，投資を回収していく性質のものである。例えばテーマパークは入場者から入場料，飲食代などの営業収入から人件費，減価償却費などを引いた営業収益で経営されていく事業である。「装置プロジェクト」には二つの特質がある。

1. 工事の完成以前に金融が必要になること。例えば東京ディズニーランドを念頭においても着工時点での頭金の支払，中間金，完成前の支払など，営業開始し収入を得られる前に支払が発生することが一般的である。自己資金だけでなくつなぎ資金など金融手段が必要になる可能性が高い。

2. 利用者（Beneficiary）の重要性が高いこと。装置を作っても客が一人も来なければ事業は失敗する。テーマパークも投資をカバーし切れる客単価，入場者数を達成することを要求される。テーマパークの商圏の客を集客できる魅力度のあるアミューズメント施設が揃っているか，商圏からテーマパークまでのアクセスに問題ないか，駐車場は完備しているか，商圏客の支払能力に見合った料金体系になっているかなどに掛かってくる。

3. 採算性と公共性のジレンマ

社会資本整備，事業開発いずれにせよ土地をいかに有効利用するかという視点が背景にある。地域開発の採算性の前提となるのが公正な土地価格の算定である。土地の価値は言うまでもなく土（つち）という物質にあるのではなく，その土地を使ってどれだけの収益を上げられるかに掛かっている。

例えばある工場用地を考える。20 年間に上げられる収益額の累積額（全て現在価値に引き直し）が現在の土地価格であるべきである。それを上回る価格取引を元に購入された工場用地は絶対に採算が取れないことは当然である。収益還元価格による土地価格算定が地域開発の基礎になる必要がある。

さらに，採算性と公共性のバランスとを次の諸点から考慮する必要がある。

1. 開発主体は公共性の高い基盤づくりは主として公共部門，採算性が重視される事業分野は主として民間部門，その中間的な分野は両部門になる。公共性と低採算性は裏返しの関係にある。公共性の高い分野と言えども低採算性による事業継続は難しいものがある。地域は期間及び外部経済効果との兼ね合いで採算性の可否を判断しなければならない。

地域開発に当たっては開発行為そのものの直接効果だけでなく，外部経済効果が期待される。例えば鉄道事業であれば事業採算性も考慮されるが，それ以上に開発から発生する土地値上がり益，開発利益などの地域への経済波及効果も重視される。そこから開発利益を地域還元することが採算性確保の上で考慮されるべき課題となる。その他，地域開発には建設効果のほか産業波及効果もある。市場政策上は交通体系整備により市場アクセスが改善されれば広域の市場形成も可能になる。産業立地上も他地域との時間距離短縮により地方立地，都市型産業（ex. 観光，コンベンション，情報・エレクトロニクス）の地方展開が促進される。航空貨物はその高速性，定時性により大都市近郊農業の展開，半導体などハイテク産業の地域間分業を支えている。

開発利益，産業波及効果などを含めれば，仮に短期的な採算性には問題があっても，長期的には採算可能または外部効果も含めれば単独では赤字でも地域全体では問題がないことも考えられる。採算性を直接的な効果でみるか，間接的な効果を含めて考えるかの違いである。それは開発ポリシー判断に属するもの。当該開発の諸政策における位置づけに左右される。

2．地域開発は一定以上の資本投下が必要な事業である。問題は地域開発が必要な地域ほどそれを可能にする資本蓄積が進んでいない可能性が高いことである。地域開発は開発初期に集中的に資本を必要とするケースが多く，最終的な開発効果により採算性を確保する運用は難しい。地域負担可能な範囲内の資本蓄積をいかにその開発に集中するか，それも短期的な採算性よりは公共性，外部経済効果を期待して進めるか，それでも必要な資本額に不足している場合には地域外調達を導入するか。資本流入地域ならともかく資本流失地域では資本流入のインセンティブを創出しなければならなくなる。他地域からも地域内からも円滑に資金が回る金融流通機能が機能することが必要である。

4．開発政策の明確化

なお地域開発は他地域との競争関係を強める側面がある。競争力強化のためには一層の研究開発蓄積，人材確保，原材料の円滑な調達，生活環境整備が迫られてくる。地域の競争力，発展力を強化する手段とも言える。

その意味で，いずれの政策にとっても同様だが，開発政策には他政策が背負っている課題を意識した政策マインドが特に重視される。開発ポリシーの明確化が要求される。例えばなぜ新幹線が必要なのか。それは地域によっては地域住民が大都市圏とのアクセスが便利になるという社会政策の視点，逆に大都市圏の消費者が訪れてくれるという市場政策の視点，企業が進出してくれるという産業政策の視点，若者がＵターンしてくれるという資源政策の視点などが絡み合っている。発展政策の視点から見ても，当地域はこれだけの所得増，雇用増が必要である。その目標達成のための一つの手段として新幹線が必要である。新幹線が設置された場合にはこれだけの経済効果，所得増，雇用増が見込まれる，さらに市場効果など二次的な誘発的効果も生まれるという論理に基づいたものでなければならない。逆に新幹線が設置されないとした場合にはどれだけの政策代替手段を必要とするか，その費用負担は？という視点が欠かせない。また新幹線が開通し，都会の様々な客が来て場合によっては地域の景観，環境を汚染するなど影の外部不経済効果の発生も覚悟しなければならない。それらの代替政策手段，外部不経済効果発生を勘案しても，諸政策の課題解決のためには新幹線が最も効率的な政策手段という結論が出てきた場合には何としてでも必要になる。

地域開発はあらゆる面で膨大な手間と時間を要する地域開発事業である。しかし生産・生活基盤が形成されれば，地域社会づくり，地域産業競争力，市場形成すべてが循環的に機能し，地域経済発展が促進されることになる。単に資本投下を行えばよいのではなく，他の地域目標と整合的に立案された計画に基づき住宅，道路などの社会資本整備，工業団地，オフィス建設などの収益事業が進められなければならない。開発政策を進めるに当たって留意すべき事項は次のとおりである。

(a) 当該開発の地域経済発展における位置付け及びその関連で財政・金融政策をどのように活用するかを明らかにする。

(b) 開発事業体の経営効率化を図るとともにその受益者負担の原則を徹底する。受益者負担に限界がある場合には，より一層の民営化，雇用の在り方，金融制度の活用などを考慮する。

(c) 必要な開発プロジェクトの選定・準備・評価及び実施という一連のプロセスを遂行していく組織・能力を養う。その場合は地域目標及び公共性への理解，採算性への配慮が重要な要素となる。

(d) 地域内プロジェクトに関わる資金は地域内の資本蓄積により賄うシステムを徹底する，PFI，プロジェクトファイナンスなどプロジェクトリスクを軽減するノウハウを養う必要がある。

(e) 地域開発は官民合同の事業である。公共性重視の部分は官，採算性重視の部分は民が主として分担する。明確な分担により開発全体と個々のプロジェクトの整合性の確保，リスク軽減及び経営効率化，人材育成を図る。組織的なロスがなく，合目的的に運営されるか，成果が地域開発に還元されるかが重要な点になる。

5. 他政策との関連

1968年に自由民主党が作成した『都市政策大綱』は現時点で見ても地域開発に関する有益な示唆を与えている。ここでは当時から現在への環境変化を勘案し，当時提示された都市部，地方部各々に関わる開発課題を見直しつつ紹介してみる。矢印により関連政策を付記している。

⑴都市部開発

①大都市機能の純化：大都市の域内，国内，国際的な中枢としての役割を発達させるため，無秩序な集中を抑制して大都市機能の純化を図る。→「発展政策」

②大都市の防災：大災害に備えて災害に強い都市を造る。→「社会政策」

③都市計画の確立：拡大する都市のエネルギーに計画と秩序とを与えるべきである。長期的な展望に立つ都市計画の確立は都市問題を解決する前提である。→「発展政策」

④生活環境の確保：住民が安全で快適な生活をおくることが出来るよう良好な生活環境をつくる。→「社会政策」

⑤市街地建設の基準：住み良い街並みを造るために市街地建設の基準を定め，その規制を強化する。→「社会政策」

⑥職住近接の原則：都市づくりは必ず住宅と通勤を一体として計画し，住宅と職場を近づけることを原則とする。→「資源政策」

⑦大都市の再開発：立体化，高層化など都市空間を有効利用し大都市の再開発を進める。→「社会政策」

⑧近郊地域の開発：大都市近郊で計画的な市街地開発を進めるとともに，秩序ある家並みと良好な環境を確保するための基準を定める。この基準に反した無秩序な開発，建築は許可しない。→「社会政策」

⑨ニューシティの建設：高速鉄道により大都市と結ぶニューシティを建設する。→「開発政策」

⑩高層共同住宅の大量建設：大都市において良質な住宅を供給するため高層共同住宅を大量に建設する。→「社会政策」

⑪居住費の適正化：所得に見合った適正な居住費で入居できるような政府施策住宅の建設を促進し，民間の共同住宅の建設を助成する。→「社会政策」

⑫勤労者への住宅金融：勤労者の住宅入手を容易にするため，高層住宅の分譲には特別な住宅融資を行う。→「社会政策」

⑬通勤交通の改革：大都市における通勤・大量輸送は鉄道，特に地下鉄を主力とする。また自動車による個人交通より鉄道，バスの公共交通を優先させ，自動車の都心乗り入れを抑制する。→「開発政策」，「社会政策」

⑭都市化と自動車交通：自動車の普及に対応した道路体系を作り，混合交通をなくしていく。→「開発政策」

⑮交通の安全：交通環境を整備し，交通安全教育を充実・徹底するほか安全技術を開発する。被害者の救助・救済の制度を充実させる。→「社会政策」

⑯公害など環境汚染発生者責任の原則：公害など環境汚染の発生源となったものには，みずからこれに対して防除しその社会的費用を負担する責任を負わせる。→「資源政策」

⑰環境基準の明確化：環境汚染など環境基準を明確にする。→「資源政策」

⑱公用地の拡大と活用：都市改造のために公用地の拡大と活用を図る。→「発展政策」

⑲民間ディベロッパーの参加：都市づくりと住宅建設の推進力として民間

ディベロッパーを参加させ，資金供給などの援助を行う。→「開発政策」

⑳受益者負担制度の原則：近代化された都市の利益を享受するものは相応の対価を払わなければならない。→「開発政策」

⑵地方部開発

①先行的な地方開発：地方開発は長期的な観点から先行的に進め，交通体系をはじめ産業，生活基盤を公的資金等も活用し先行的に開発し整備する。→「発展政策」

②産業開発の促進：発展段階と特性に応じて，適当な業種，規模を持った適地産業を分散，配置する。→「産業政策」

③人的資本の養成：教育機関を整備し，高水準の教育と人的資本を養成する。→「資源政策」

④拠点都市の育成：地方に産業を興して所得の機会を増大させ，人口の定着を図るために地方拠点都市を育成する。→「開発政策」

⑤拠点都市への重点的投資：地方拠点都市に必要な行政上の事務処理権限を与え，必要な事業に公共投資を重点的，集中的に投入する。→「開発政策」

⑥地方都市の計画的整備：地方都市の市街地の拡大に秩序を与え，農村も計画的な整備，再編成を進める。→「社会政策」，「開発政策」

⑦魅力ある農村作り：農村が食糧基地として十分に機能し，住民の生活水準の向上と安定を図り，魅力ある近代的な農村をつくるため，高性能・高収益の農産物供給体制を確立する。農業の近代化を図る施策と一体のものとして，二次，三次産業を発展させ，地方の都市を育成し，性能の高い交通・通信網を整備する。→「産業政策」

⑧農山漁村の整備，開発：広域的かつ長期的な視点から農山漁村の整備，開発を進める。→「社会政策」，「開発政策」

⑨集落の再編成と拠点集落：山村など過疎地域の住民を救い，地域の再生を図るため，拠点集落を形成して集落の再編成を進め，都市と結び付ける一方，産業開発を行い適地産業の振興を図る。→「社会政策」，「産業政策」

自然の保全：自然を積極的に保全し整備する。→「資源政策」

6．期待効果測定の意義

本来の開発事業はある政策課題を解決する一手段として行われる。従って，どのような効果が期待されるかを事前に念頭に置いた上で立案・実行される必要がある。例えばショッピングセンターを設置する商業開発を進めるとしてもそれが地元商店街にどのようなプラス効果，マイナス効果をもたらすかを事前に把握する必要がある。また経済効果を事前に測定することによって，財政予算，企業予算策定時などに様々なメリットが生じることにもつながる。本項ではその意義を整理する。

⑴公的事業の社会的効率性の評価：公的事業（公共部門が行う事業，以下同様）といえども限られた財源を基に社会的便益（政策効果）の大きなものが選択されるべきである。社会的効率性が把握できれば，政策選択肢の中から選択する基準になり得る。例えば道路を建設する場合でも，産業道路か生活道路か，そしてどの経路にどのようなタイプの道路を建設するかという課題があるとする。第一に生活道路か産業道路かの選択は，生活環境整備を図るべきとする社会政策の観点，産業育成を図るべきとする産業政策の観点の選択になる。沖縄県のように両者が混在している場合，観光バスにとっても県民にとっても不便を託つことになる。その政策優先順位が明確になったとする。第二にいずれの経路を通すことが社会的便益を大きなものにするかを把握する。恣意的な政策手段の選択を避ける事ができる。

⑵公的事業への民間活力導入の促進：公的部門の財源に限界がある場合などに民間部門の参加を求めることが考えられる。採算性を重視する民間部門の場合，明確な事業採算性を前提にしなければ参加しにくい。例えば官民合同で鉄道事業を進める場合，その事業の収支予測，損益見込みが明確でなければ出資等は難しいことになる。多くの第三セクター鉄道が赤字経営に苦しんでいるが，事前に採算性を確保する手立てを進める必要がある。

⑶経済効果の公共還元：公的事業の経済効果が明確に地域の企業，家計，

他地域へ浸透していることが明確になれば，当該事業に対する応分の負担を課すことが原則的に可能になる。例えば，地域横断的な鉄道経営を進める場合，鉄道沿線の土地値上がり益など開発利益が生じる。鉄道事業の土地先行取得の必要性，公共的性格の事業であるために上げにくい運賃とが相まってもともと採算的に厳しく開発利益を含めなければ取りにくい事業である。首都圏東急線，西武線いずれの沿線でも住宅開発が進められているのも，乗降客開拓という視点以上に自分で鉄道を敷設し，沿線の住宅開発によって得られる利益を鉄道事業に注ぎ，その投資負担を和らげるという政策判断がある。

⑷社会性を有する良好な民間事業開発の促進：公的事業への民間企業の参加にとどまらず，民間事業そのものに社会的な役割を期待することもありうる。例えば運輸事業，住宅供給事業は典型的なものである。例えば沖縄県にとって観光産業は基幹産業の一つであることは否定できないが，そのほとんど唯一の送客手段である航空旅客のキャパシティが沖縄県の観光収入，ひいては財政収入までをも制約することになる。その重要性は極めて大きいものがある。

⑸複合的な効果の創出：公的事業を核にその外部効果を民間企業が吸収するという複合的な効果を期待できることになる。例えばコンベンションセンターを公的事業の一つとして建設する。その周辺にホテル，鉄道等が建設され，全体のコンベンション機能を高めることにつながるというような場合である。

7. 開発基準

いずれにしろあらゆる開発プロジェクトはリスクを背負った投資行動であり，先行きの開発結果，投資結果についてその時点で最善の予測をしていなければ実行できる筋合いのものではない。

東京ディズニーランドにしても現在でこそ2000万人を内外から集客する成功テーマパークだが，オープン前にはそれほど楽観的な予測はなかった。

首都圏3000万人の商圏を相手に一般的なレジャーランド参加率20%を掛けた600万人がベースとなる。しかしそれでは1000億円投資には引き合わない。1000万人を集客することが必要だが，残りの400万人をどう引っ張ってこれるか。テーマパークの怖さは誰一人として来てくれるという保証をしてくれないところにある。東京ディズニーランドの場合は当初から1000万人を超える集客力があり問題はなかった。しかしオープンした後でもリニューアル，目新しいイベント等を連発的に打ち続けないと客足が落ちるのもテーマパーク，遊園地の宿命である。東京ディズニーランドは現時点ではその点でも問題は出ていないようだ。（徳田〔1987〕）

ここでは開発プロジェクトを進めるに当たっての「開発基準」，開発を進めるに当たってバックボーンとなる考え方，フレームワークを明示する。

(1) 投資決定

事業主体が公共部門，民間企業いずれにせよ，あらゆる開発プロジェクトが投資行動であることは間違いない。あらゆる事業体にとって「最も重要な決定は，投資の水準とその中身を定めること」にある。「投資の対象は，生産活動を維持するための実物資産から構成」される（仁科〔1986〕）。その「決定が戦略的で最も重要である理由は，それらによって事業体の将来収益が定まる」（仁科〔1986〕）からである。しかし投資意思決定には二つの要因が含まれる。第一は「投資は必然的に将来に関する予想を伴い，複数の将来期間に見込まれるキャッシュフロー（ネット収益）を現在の時点で評価しなければならない」（仁科〔1986〕）ことである。この要因は将来にわたってどれだけの収益率が確保されるだろうかという予想と，その投資のために何パーセントの金利で資金を調達すべきかという天秤に掛ける問題につながっている。第二は「投資の結果将来に発生すると予想されるキャッシュフローは決して確実なものではない」（仁科〔1986〕）というもの。「投資の結果には危険（リスク）や不確実な要素が必ず存在」している。開発行動，投資行動はこれらの要因を前提として進めなければならない。

①内部収益率による投資採算性基準

開発事業の実行可否を決める最初の基準はその採算性である。その場合，内部収益率（IRR: Internal Rate of Return），投資行動がどの位の収益力を持っているかを見る手法である。その投資によって得られる毎年の収益（Net-Cash-Flow 除く資本コスト）の現在価値（Present Value）と投下資本の現在価値とを比較するものである。

厳密に言えば，その現在価値を測る場合の割引率は，資本コスト及び運用金利などから決められる。例えば期間 10 年で見る場合，当初の初期投資額 100 に対して，将来にわたる収益が 150 とする。その 150 を割引率により現在価値に引き直すと，仮に 120 になる。この場合，その現在価値がちょうど初期投資額に等しくなる割引率が，ここでいう内部収益率（IRR）である。これが投資採算性の最も一般的な指標である。従って，投資主体にとっては，例えば調達金利（長期金利水準）とその IRR を比較する，その他のプロジェクト候補の IRR と比較することになる。どうしても期待収益に足りない場合にはコストを引き下げるなどの対策を講じることになる。その上で，他の投資対象，開発プロジェクトと比較してその開発投資が優位に立っている，または何らかの措置により期待収益率を確保することでできると判断できて始めて投資意思決定がなされることになる（横井〔1985〕）。

②返済能力のチェック

もちろん開発投資が無借金で賄えるのであれば返済能力云々を考える必要は全くない。しかし公的事業，民間事業を問わず，現実には自己資金だけでなく必要資金を他から調達，借り入れることは一般的なことでもある。問題はその返済能力が十分あるかどうかにある。これは各年度の元利金返済額に対する，返済に充当可能なキャッシュフロー額の比率，カバーレシオが返済能力を示す指標になる。この指標は単年度での返済能力と投資期間全体での返済能力という二つの側面から検証される。

(2) 社会資本の投資基準

1. 社会資本の場合は直接的な効果だけでなく間接的な外部効果を重視しているため，客観的な投資基準を設けることは難しい。チェネリーなどが展開した社会的限界生産力基準（Social Marginal Productivity: SMP 基準）では「種々の公共投資計画における資源の社会的限界生産力が均等なときに，最も有効な投資配分が行われる」としている。社会的限界生産力とは「公共投資に伴って期待できる社会の経済福祉（国民所得増，所得配分是正，国際収支改善等）の増加分と，それに必要な投資の増加分との比率」を指している。多く投資対象候補の中から選択するに当たっては，各投資がもたらす経済厚生の和を極大にするものを選択するということになる。しかしこの算定は極めて難しい。

現実の社会資本プロジェクトごとには通常の投資行動と同様に費用便益比率（Cost-Benefit Ratio）が使用される。費用を C，便益を B とすると費用便益比率は B/C で表される。費用には建設費など直接の投資費用，便益には直接的な効果及び間接的な効果が含まれる。この場合，難しい点は便益をどのように客観的に評価するかという点にある。

2. 問題は社会資本整備に当たって発生する社会的費用である。社会的費用とはその生産のために社会全体にとって必要な費用を指す。例えば道路建設の私的費用は労務費や資材費の和であるが，社会的費用には道路混雑や自動車排気ガスなどが含まれる。「その社会的便益は同じであるとすれば，建設・管理費と通例の意味での社会的費用との和がもっとも小さくなるような計画が，社会的な見地からもっとも望ましい」（宇沢〔1974〕)。社会資本使用に当たっては「限界的社会費用に見合う額を（使用者から）使用料金のかたちで賦課するときに，社会的共通資本の最も効率的な使用が可能になる」（宇沢〔1974〕)。これを「社会的費用の内部化」と言う。

(3) 事業開発の投資基準

事業開発に当たっては F. S.（Feasibility Study）により事業成立性，事業採算性の検証が行われる。

1．企業にとって実行可能なものか

開発事業が企業の現時点及び将来もつであろう経営資源により実現可能なものかを見る。例えばハード面では設備，ソフト面では技術・ノウハウ，人的資源，資金調達能力等を見る。

2．企業環境からみて実行可能なものか

企業を取り巻く一般的な環境からみて実行可能なものかを見極める。想定している需要が実現可能なものか，時期に問題はないか，ライバルの投資計画との対比ではどうかなどを見る。

3．企業にとって効率的な投資なのか。

企業の長期的な固定資産の保有計画との絡みで開発事業の実行は問題ないのか。減価償却負担など，企業の損益・資金繰りへの影響を念頭に置く必要がある。

観光資源の評価とは「どれだけの旅行者を呼べるか」に掛かっている。例えば超Ａ級，富士山のように国内はもちろん外国からも集客する観光資源もあれば，Ｃ級の地元の人しか訪れないような山もある。観光資源の評価の難しさは「同じものでも観光者の立場によって評価が変わってくる」点にある。高年齢世代には極めて高い評価を受け一生に一度は「見る」に値するものであっても，若い世代には全く魅力がないという場合もある。その評価を左右する要素には①関連施設の開発度，②観光者の年齢・性別・職業・居住地，③観光ルートとの関係，がある。例えばどんなに歴史的価値のある寺社でも人跡未踏に近いような場所にあれば観光資源の評価は無いに等しい。但し観光ルートが開発されて大勢の人が行けるようになれば評価は全く異なるものになる。遠隔地の旅行者を呼べるかどうかは観光資源と商圏とをつなぐ交通条件，他の同様に集客力があり相乗効果を生み出せる観光資源の存在に掛かっている。観光開発にどれだけの資本が投下可能かは正確な観光資源の評価と明確な対象市場の設定が前提になる。（徳田〔1987〕）

8. 国土政策との兼ね合い

日本には国，都道府県，ブロック（都府県二つ以上の区域）に関わる包括的な地域開発を規定する国土総合開発法に基づく国土政策がある。従って社会資本，事業開発プロジェクトいずれもその枠組みと無縁ではあり得ない(杉浦〔1988〕)。

国土総合開発法に基づく国土政策とは，地域政策という見方と産業政策という見方を統合したものである。基本理念は一貫して「格差是正，均衡ある国土の発展を目指す」というもの。例えば北海道という地域にいずれの産業を振興すべきか，必要な基盤は何かというもの。この国土政策には，治水，灌漑，農業などの比較的自然に近い部分と，都市政策での地下鉄をどこに作るか，新幹線をどこに作るかという比較的自然から遠い部分がある。

均衡ある国土の発展を促す国土開発方式として取られたのが「拠点開発方式（Growth Pole Policy)」である。Growth Pole は成長の核という意味。かつて米国で TVA，テネシー川開発で行われたものである。経済的に沈滞した地域に核となる産業を植え付ける。TVA の場合であれば政府がダム建設を行う。その結果，電力が供給されるダムが建設されるだけでなく，ダムの建設に伴って道路が整備され，その道路建設に労働が投入される。その投入された労働者の所得，建設事業の所得が波及効果をもって沈滞した地域を浮上させるというもの。日本の場合は産業が活発でない地域に主として製造業中心の開発拠点，Growth，Pole を埋め込もうという方式を取った。その実行に当たって補助金，税制など財政支援措置，開発金融制度，地方交付税交付金などを活用する受け皿として，テクノポリス，新産業都市，リゾート保養地域など様々な産業関連の支援制度を作ってきた。交流ネットワークで開発拠点を新幹線，情報，高速道路などで連結させながら，一方では様々な地域で拠点開発を進めていく。これが国土政策の基本である。(徳田〔1987〕)

現時点では全ての支援制度が機能，成功しているとは言いがたい。しかし昭和 44 年に策定された「新全国総合開発計画」が示している情報化社会の到来に基づく情報ネットワークの構築，それと並行した新幹線など新しい交通ネットワークの構築など，新ネットワークの形成はほぼ40年後の現在の姿を予見している。国土計画には中央政府が考える①国土の在るべき姿の基本，②国土の基幹プロジェクト，③社会資本整備の方向性，各々を示す役割がある。あらゆる社会資本整備，事業開発は国土政策との整合性を意識したものでなければならない。(宮崎〔1969〕)

9. 開発に関わる規制・制度

一般的な開発事業は土地を使用することになる。そこである土地を①購入してよいかどうか，②開発してよいかどうか，③建造物を建築してよいかどうかという手順で，法制度に適合させる必要がある。

1. 取引可？

①土地基本法：平成元年に制定された土地政策の指針。土地が「現在及び将来における国民のための限られた貴重な資源であること」を背景に，㋑土地についての公共福祉の優先，㋺適正な利用及び計画に従った利用，㋩投機的取引の抑制，㊁価値の増加に伴う利益に応じた適切な負担，という「土地に関わる基本理念」を表している。

②国土利用計画法：昭和49年に国土の適正な利用，地価の抑制などを目的に制定されたもの。具体的には㋑規制区域を指定し，規制区域内の地価を基準価格（都道府県基準地価）で凍結，取引も許可制とすること。㋺規制区域外でも大規模な土地取引は届け出制とし，基準価格を超える取引については中止勧告もありうること。㋩値上がり待ちの遊休地については地主に処分，利用計画を強制すること。

2. 開発可？

①都市計画法：昭和43年制定の全国一律の都市作りの基本法。都市計画地域では道路，鉄道，公園，下水道等都市施設の配置，土地利用の形態を規制している。㋑無秩序な市街化，非効率な公共投資を阻止するために，都市計画地域は10年間積極的に市街化を進める「市街化区域」と当分市街化を

行わない「市街化調整地域」とに分けられる。㋺開発許可制度により区域内の宅地開発等の規制，同区域内の土地の有償譲渡，先買い権の行使を規制する。

②開発指導要綱：自治体が開発を民間ディベロッパーに認めるときの条件である。㋑道路，下水道など共用部分の開発者負担，㋺開発者による公園，学校等の公共公益地の提供，負担金の提供などがある。

3．建築可？

①建築基準法：住居専用地域，工業専用地域，商業地域など用途地域を設け，建築物の容積率（延べ面積の敷地面積に対する割合）を規制している。

②総合設計制度：同法には市街地に建築物を建てる場合，一定面積以上の敷地で，一定割合以上の公開空き地を設ければ容積率，高さ制限を緩和できるという制度も含まれている。

10．環境保全の必要性

開発とは一面では「自然環境に手を加えること」でもある。永田恵十郎博士が分析したように地域にとって自然など風土に関わるものは貴重な地域資源である。政策課題の解決を迫られながらも，貴重な地域資源との整合性を付けることは地域を問わず人類に課せられた最大の課題とも言えるだろう。特に急激な開発を必要とする都市化が進み，人口集中地区，DID（Densely Inhabited District）人口は全国の60％の水準に達している。「国立公園のそばにジェット用空港を建設することが，そこでの野生動物を危殆に陥れるのであるとしたら，デード・カウンティはその空港建設を認められるべきなのかどうか，シェラ山脈地帯の奥深く冬場スキー場や保養施設をこしらえることが，その付近の歴史的な自然の落着きをみだすことになるのであったら，ディズニー会社はそのような観光開発を許されるべきであるかどうか」(Samuelson〔1976〕)。環境保全は緊急のものである。

新全総で環境保全の基準が明確に示されている。その指針を地域に置き換えてみる。(宮崎〔1969〕)

1. 長期にわたって人間と自然との調和を図り，また将来都市化の進展に伴って一層深刻化すると考えられる地域住民の自然への渇望に応ずるために，自然を恒久的に保存，保護すること。

2. 土地利用が一部のエリアに過度に偏して，効率を低下せしめることのないよう，全地域を有効に活用するため，開発の基礎条件を整備して，開発可能性を全地域に拡大し均衡化すること。

3. それぞれの地域の特性に応じ，それぞれの地域が独自の開発整備を推進することによって土地利用を再編成し，効率化すること。

4. 経済的，社会的活動が活発化し，ますます経済社会の高密度化が進むに連れて，地域住民が不快と危険にさらされぬよう，都市，農村を通じて，安全で快適な環境条件を整備保全すること。

但し環境保全は事業主体の「意識」に訴えるだけでは効果は期待できない。環境破壊につながる経済活動に対してその破壊の度合いに応じて税金を課すといった形での負担を求める。それにより環境破壊的な開発行為の採算性を大きく低下させ，またその費用負担により環境保全を進めるといった方策が効果的である。

11. 財政・金融手段

以上の法制度，開発基準をクリアしても最終的な事業採算性を左右するのは，どのような金利，とれだけの量の資金調達が可能かという点にある。開発事業として最終的に成立させることが出来るか。本来であれば，自己資金（内部留保等）で賄うのが望ましい。しかし現実にすべて自己資金で賄うのは困難であり，自己資金と外部調達各々を併用するのが妥当なもの。但し，自己資金，外部調達各々の依存割合は厳密にチェックしなければならない。資金調達の必要性は社会資本整備，事業開発いずれにも当てはまる。前者であれば租税収入などの財政収入のほか，地方債，金融機関借り入れなど，後者であれば事業収入のほか，事業債，金融機関借り入れ，資本市場調達など，形態の差に過ぎない。逆に資金を供給する側からみれば，事業収支見込み，返済能力などを的確に見極める必要がある。

いずれにしろ政策課題を解決するための資金供給は円滑に行われなければならない。資金供給機関には民間金融機関，公的金融機関，証券取引市場などがある。それらによる開発金融は官民の資金を有効活用し，資金需要に対して質量共に応えられることを念頭に置かなければならない。あらゆる事は資金が隘路，ボトルネックになったらもう動かなくなる。どれだけ大きな資産を持った企業でもその資産を流動化できず，日常の資金繰りに失敗すれば倒産する運命にある。

社会資本，事業開発いずれも巨額の低利資金を安定的に確保する必要がある。様々なチャネルから資金を吸収し，資金仲介する仕組みを作る必要がある。

1．民間資金の活用

地域金融機関など民間資金を活用するためには，リスクを含め事業採算性を明らかにすることが前提となる。当然ながら民間資金は有利子で調達した資金を仲介するものであり，一定の市場金利をベースにした要償還債務である。民間資金調達はより一層の事業採算性，効率性の向上を要請するものである。金利面で公的資金金利と格差が生じる場合には税制，利子補給など財政補助で低利化する仕組みが有効である。ある政策課題の解決に当たって，政策的に財政援助が行われれば民間資金の「呼び水」となる効果も出てくる。

2．公的資金の活用

民間資金は基本的に金融機関自身の採算性の確保という前提があるため，政策判断よりも金融判断が優先することになる。公的資金は逆に金融判断よりも政策判断が優先する。政策判断とは，この地域のこの政策課題を解決するためにはこの開発事業が必須であり，そのための資金供給が不可欠であるというもの。もちろん金融機関としてミニマムの金融判断（採算性維持）は切り離すことは出来ない。要は地域にとって必要な開発事業は何か，そのためにどれだけの資金が必要か，財政力などからどれだけの償還能力があるか，これらを考慮し官民問わず円滑に供給できる資金供給体制を確保することである。

12. 開発事業のパートナーシップ

開発事業の成功は地域住民，自治体，企業のパートナーシップが機能するところから生まれる。パートナーシップによる地域づくり，街づくりが本来の地域開発事業である。仕掛け人である自治体は裏方に徹しお膳立てをする，企業は機関車役として経済基盤を確保する，地域住民は創造力を発揮し，まちをデザインする，そして他地域との交流を進める，よそもの（他地域の人）を集客する，というパターンである。ディズニーランド，ディズニーワールドを始めアメリカ合衆国には開発成功事例が数多く見られる。それは単なる一リゾート企業の産物ではなく，地域パートナーシップにより成功を収めているものが多く見られる。その共通点を整理してみる。

⑴ポリシーが開発事業全体に徹底的に浸透していること。「ディズニーの作品世界の大きな特色は，自然の徹底的な否定と狂信的とさえいえる衛生思想なのである。……ディズニーランドは地面も山も川も含め，全体がコンクリートやアスファルトで覆われた」（能登路〔1990〕）反自然的な人工虚構空間である。「自然の地形や植物を十二分に取りいれた日本の伝統的な造園とは根本的に異なる異質な精神が底流をなしている。」（能登路〔1990〕）

⑵再投資の仕組みが確立されていること。事業収益を次の投資に注ぎ込み，それでまた収益を上げて，また再投資する仕組みがその事業運営に組み込まれている。それが民間資本の開発インセンティブを誘発している。例えばディズニーワールドでは未利用地にコンドミニアムを建設・販売し開発利益を吸い上げている。

⑶タックスのインフラ投入の徹底。事業収益を原資とするタックスがその事業関連のインフラ整備に直接投下される仕組みが出来，それが事業採算性の維持向上につながっている。例えばディズニーワールドとオーランド空港をつなぐハイウェイはディズニーワールド自身のタックスを原資として

いる。ディズニーワールドの建設に先立って「ディズニー社は州政府から電力，ガス，上下水道，消防，建築基準，道路建設など，本来であれば公共の事業であるものを独自に運営するという異例の特権を得ている」(能登路〔1990〕)。「この独立国には，独自の電話会社，ゴミや汚水の再生処理工場，フロリダの豊かな太陽熱を利用した発電所などが舞台裏に設置されている」(同)。

⑷事業始動のリスク負担に耐えられるだけの民間資本が事業に参加していること。例えば米国コロラド州のベイルスキーリゾートはクアーズなど民間資本に依存している。

⑸徹底的な開発利益の追求と開発利益のその事業への集中的な還元が行われていること。これも採算性の改善に役立っている。ディズニーワールド，ベイル，ラスベガスなどが典型的なもの。

⑹マーケティングの巧みさ。またカード会社など既存の顧客組織を活用することによって相乗的に顧客拡大を進め，効果的に他開発地域との差別化イメージを形成していること。

⑺早期投資回収を徹底していること。例えば，コンドミニアムの併設により早期投資回収を進めている。

⑻生活感からの離脱を行っていること。例えば街づくり，ライトアップなどにより，非日常性を演出している。ベイルでは駐車場を地下に設置し街中に入れないようにしているが，これが生活感を消し去っている。

⑼歴史の利用。その地域に付帯した歴史，例えばフォード元大統領など著名人が別荘を持っていたこと，歴史的な出来事がそこであったことなどをそのマーケティングに組み込んでいる。

⑽遊びのメニュー作りが巧みであること。多彩なメニューを提供するか，逆に単一のメニューを徹底的に掘り下げるか，中途半端なメニュー作りを避けている。ディズニーエプコットタワーには，遊ばせながら施設の魅力度について客の感想を収集するゲームがある。客のニーズを吸い上げている。

日本ではタックスインフラ投入，開発利益還元などは現実には進められていない。しかし事業開発の中でもレジャー市場を対象とする開発の難易度は高い。ハード面，ソフト面の両面から難しい複合的な課題を克服して初めて成功につながる難事業である。これらの要素が機能することが重要である。

13．社会資本の採算性確保

社会資本整備には公共性の面からは必要でも，だからこそ採算性も低くなるというジレンマがつきまとう。前記の開発利益還元，事業集中，タックスインフラ投入の必要性は事業開発以上に社会資本整備で高いものがある。例えば，大都市圏に鉄道を敷設する事業を想定してみよう。首都圏では最混雑時の輸送能力を解決するためには29兆円以上の投資が必要とされている。C. アレグザンダーが（Alexander〔1977〕）で述べるには「公共輸送のシステムは，全ての部分の接続がうまくいって初めて役に立つ。だが，そうでないのが実情である。というのは，さまざまな形体の公共輸送を託されている個々の機関には，相互に接続しようという動機が皆無だからである」。しかしそれでも成功させなければならない。その超巨大プロジェクトを成功させる要件は何だろうか。

⑴鉄道用地を円滑に取得すること。用地取得の時期のズレは地価上昇と工事遅延による金利負担圧力により鉄道事業そのものの経営収支を圧迫することになる。そのためには自治体が鉄道用地を先行取得し，鉄道事業者に譲渡する形が望ましい。

⑵自治体と開発事業者との連携を徹底すること。沿線開発を円滑に進めるために開発指導要綱の制定など自治体がイニシアチブを取るとともに，ディベロッパー（開発事業者）に鉄道事業に参画してもらう。沿線開発と鉄道事業，用地取得などを円滑に進めるには単一の事業主体では限界がある。

⑶兆円単位の資金調達を一事業体で賄うことは無理である。企業連合，自治体出資，補助制度の活用，沿線開発により生じた地価値上がり益を鉄道事業に還元する措置を図る。

A. マーシャルもロンドンの過密是正を目的に，「ロンドン都心部からのオフィス移転を促進するために土地を購入，開発し，鉄道などの交通基盤なども整備する，半公共的な事業法人を設立することを提案していた。開発により地価も上昇するので，事業法人は土地を保有したまま開発利益を享受することができ，これにより事業を運営して行ける」(東〔1991〕)。

さらに鉄道建設費の低下，運賃の引上げも望ましい。いずれも現実的には困難な課題ばかりだが，それだけ社会資本整備には困難が伴うと言えるだろう。それだけの仕組みを作り上げる必要がある。

14. 開発主体

事業主体は民間企業の場合，事業ポリシーが明確であり地元企業であれば地域密着型の展開が期待できるというメリットがある。その反面単独企業では資金力に限界が出やすくまた不得意な事業部分を抱えることになりがちなために採算性に支障が出やすいというデメリットがある。逆に公共部門のみの場合，地域密着で全てを展開でき公共性，計画性を確保できるよさがあるが，マーケティングなど市場戦略面には疎い傾向がある。そこで民間部門の機動性と公共部門の公共性をドッキングした第三セクターの経営形式もある。その成功のためには，経営は民間部門（それも中核企業）が主導権を発揮し，公共部門は公共施設の整備，許認可面，資金面でのサポートにとどまることが望ましい。

最終的に地域の政策課題の解決を目指す開発事業を展開する上では，地域の開発規制及び地域政策との関わり方を前提としなければならないことはいうまでもない。但し規制如何では事業採算性に重大な影響のあるコスト負担が生じる可能性もある。逆に地域政策との係わりを重視しないプロジェクトは最終的に地域の支援を得られず成功しにくい。例えばリゾート開発の対象となる地域は一次産業を中心とするやや閉鎖的な社会であることが多い。ところがリゾートはサービス産業であり，外部の人間が出入りする現代社会の最先端地域である。リゾート開発に取り組むことはそのような閉鎖的な社会から開放的な社会への抜本的な変容を目指すことでもある。開発事業には地域全体で取り組み，不要な規制はできるだけ緩和し，手続きを迅速に進めるとともに環境保全や防災，景観保持などには十分に配慮するという相互連携体制が望まれる。

しかし本当の主役は地域住民のはずだ。確かに，東京都世田谷区など街づくり協議会を組織化し，地域住民の参加により公園をつくるなど，住民参加が重要な要素になりつつある。そのような組織体制がなければどうしたらよいのか。それは一人一人が「より良いマチ，ムラ，トシを創ろう」という姿勢を持つこと以外にはないだろう。ここで平成8年1月に東京都大田区成人学校「まちづくり入門」講座に集まった14人の意見を紹介しよう。大田区は人口，工場流失により街づくりそのものの基盤を脅かされている。「産業による街づくり条例」を制定し産業基盤を維持しつつ，生活環境の維持を図ろうとしている。その問題意識を持つ人々の意見，名付けて「より良い大田区を創るための14箇条」である。

1. 近所に迷惑を掛けないようにすること。
2. 総論賛成，各論反対を止めること。
3. 人と人の心の通い合いを心掛けること。
4. 自分の地域により関心を持つこと。
5. 自由に移動できる街に作り替えること。
6. 川の生き物など街を知る努力をしよう。
7. 近所の人々と仲良く暮らすこと。
8. 街を汚さないこと。
9. 自ら経営する企業の業績を伸ばすこと。
10. ゴミを出来るだけ出さないこと。
11. 自分達の声を行政に明確に伝えること。
12. 「自分の街だ」という意識を持つこと。
13. 高齢者，子供の目から街を見直すこと。
14. 庭の花など身近な生活空間を改善すること。

東京都大田区には「田園調布」という住宅街がある。この街は大正時代後半に渋沢栄一翁が当時英米に現れはじめた“住宅と庭園の街づくり”「田園都市構想」を取り入れ建設したもの。東急東横線田園調布駅前広場を中心とする約 80 ㎡に住む人々が田園調布会という社団法人を組織し自主的な街づくりを進めてきたことが出発点である。この田園調布開発，故大平正芳元首相の田園都市構想に大きな影響を与えたのが，イギリスの社会改良家 E. ハワードの「田園都市構想」である。彼は Howard〔1965〕の中で「過密都市はその役目を終えた」とし，「人間の環境の選択肢として考えられる三つの方向，すなわち三つの磁石を持ち出した」(東〔1991〕)。「一つは「都市」の磁石であり，刺激に満ち，賃金は高く，多くの職業の機会がある。しかし物価は高く，環境も貧しいという短所がある。二番目は「農村」の磁石であり，美しい自然，長閑な人間的生活があるが，経済は低調であり，娯楽は不足している」(東〔1991〕)。いずれも一長一短である。

ハワードは「都市─農村」の第三の磁石を考えた。これが「都市」と「農村」の二つの磁石を兼ね備えた「田園都市」である。そこでは「美しい自然が残され，アメニティのあるまちづくりが志向されながら，都市としての魅力──即ちさまざまの娯楽や刺激がある自由と秩序が共存し，それらを支えているのは，住民たちの「協力的精神」である」(東〔1991〕)。

ハワードの提唱した「田園都市」構想の形をそのまま日本に当てはめることは出来ないが，そこに流れている思想は現代の「持続可能な都市(Sustainable Community)」,「強いコミュニティ意識と永続可能な構造を持つ街」に通じるものである。

ここで田園調布住民の総意による「田園調布憲章」を紹介しよう。(田園調布会〔2000〕)

① この由緒ある田園調布を，わが街として愛し，大切にしましょう。

② 創設者渋沢翁の掲げた街作りの精神と理想を知り，自治協同の伝統を受け継ぎましょう。

③ 私たちの家や庭園，垣根，塀などが，この公園的な街を構成していることを考え，新築や改造に際しては，これにふさわしいものとし，常に緑

化，美化に努めましょう。

④　この街の公園や並木，道路等公共のものを大切にし，清潔にしましょう。

⑤　互いに協力して環境の保全に努め，平和と静けさのある地域社会を維持しましょう。

⑥　不慮の災害に備え，常日ごろから助け合いましょう。

⑦　隣人や街の人々との交わりを大切にし，田園都市にふさわしい内容豊かな文化活動を行いましょう。

この田園調布憲章，先の「大田区を良くする14箇条」には一人一人お互いの街を大切にする公共意識が根底にある。田園調布を例外的な街ではなく，日本中のどこにでもある街にすることこそが必要なことではないか。計画づくりに多くの人が参加することが，より多くの問題を地域自身で解決し，地域意識も醸成できることにつながる。規模の大きな地域でも，川崎市新総合計画が何度も県民の声を汲み上げながら策定されているように「草の根」型，地域住民の意見を吸収しながら形にしていく作業，それが不可欠のものだろう。

(注）本稿は徳田〔1998〕「第9章　地域開発政策」をもとに，その後の研究成果を加え加筆したものである。

田園調布は，現在，都市計画，環境に関わる多くの課題を抱えている。それらの詳細については，追って論稿をまとめることとしたい。

【参考文献】

A. O. Hirschman（1958）The Strategy of Economic Development, New Haven, Conn.: Yale University Press

麻田四郎『経済発展の戦略』厳松堂出版，1961年

東秀紀（1991）『漱石の倫敦，ハワードのロンドン―田園都市への誘い』中公新書

C. Alexander（1977）A Pattern Language, Oxford University Press, Inc., 平田輪那訳『パ

タン・ランゲージ』鹿島出版会，1984 年
Ebenezer Howard（1965）Garden Cities of To-Morrow, Mit Pr London. 長素連訳『明日の田園都市』鹿島出版会，1968 年
加納治郎・内野達郎（1964）『社会資本の知識』日経文庫
宮崎仁編（1969）『新全国総合開発計画の解説』日本経済新聞社
中山伊知郎（1967）『物価について』中公新書
仁科一彦（1986）『企業財務』日経文庫
能登路雅子（1990）『ディズニーランドという聖地』岩波新書
P. A. Samuelson（1976）Economics 10th Edition, MaGraw-Hill Book Company New York. 都留重人訳『経済学』岩波書店，1977 年
社団法人田園調布会（2000）『郷土誌 田園調布』田園調布会
杉浦章介（1988）「マジョリティにとっての国土政策」，高橋潤二郎編『四全総は日本を変えるか』大明堂，1988 年
徳田賢二（1998）『地域経済ビッグバン』東洋経済新報社
徳田賢二（1987）「開発資金計画の考え方」，総合ユニコム『リゾート開発事業計画資料集』1987 年
徳田賢二（1987）「観光資源」，財団法人日本余暇文化振興会編『観光事業概論』東京観光専門学校出版局，1987 年
都市政策調査会（1968）『都市政策大綱』自由民主党
宇沢弘文（1974）『自動車の社会的費用』岩波新書
横井士郎編（1985）『プロジェクト・ファイナンス』有斐閣

第4章

都市近郊住宅地開発とコミュニティ形成

——緑園都市とラドバーンを例にして——

佐藤 俊雄

1. はじめに

日本型都市計画・開発モデルはどれかを改めて想起しても，いったい日本のどの都市がそのモデルなのか，あるいはモデルになり得るのか迷ってしまうのは筆者だけであろうか。想うに，明治からの日本の都市の計画・開発モデルは，まずイギリスの田園都市（ガーデン・シティ）であろう[1) 2) 3)]。引き続いて，イギリスのニュータウンではなかろうか。すなわち，日本の都市計画・開発は，20世紀初頭から中頃にかけてのイギリスの都市計画・開発をモデルとし，これに，「耕地整理法」（1909年）や「都市計画法」（1919年）を基本法とし，昭和30年代以降は，主として「土地区画整理法」を拠り所にして実現してきたといってよいであろう。

本稿は，日本の都市計画・開発のうち，少なからずこうした流れに影響され，昭和40年代から手掛けられ，横浜市近郊の私鉄沿線で開発された緑園都市住宅地を，近年の都市近郊住宅地開発の一つのモデルとして取り上げ，まずその計画・開発の実態と特徴およびコミュニティ形成と活動とのかかわりを考察する。つぎに，当該住宅地と姉妹住宅地提携を締結したアメリカのラドバーン住宅団地開発およびラドバーン協会の現状と特徴を検討する。さらに両者を比較しながら緑園都市コミュニティ形成の今後の課題を指摘しつつ，日本の都市計画・開発のあり方（モデル）を若干指摘してみたい。

2. 緑園都市開発の実態と特徴

相模鉄道［以下，相鉄と略称］で横浜駅から西南西方向へ 13.6km，相鉄いずみ野線で 17 分の地点に緑園都市駅がある。この駅がここで触れる緑園都市住宅地開発の拠点である。

開発前のこの地域は，横浜市の典型的な起伏のある丘陵地域で，南北に延びた細長い谷間があり，その周辺との標高差は 27m ～ 89m であった。土地利用の約半分は山林であった。この地域を開発しないかという話が相鉄に持ち込まれたのは，昭和 30 年代の中頃である。相鉄は二俣川駅からの新線計画を立案し，土地の先行取得に取りかかった。昭和 40 年には開発計画地域の約半分に当たる 60ha を自社用地とした。相鉄は昭和 42 年に新線計画（路線免許）を旧運輸省に申請しつつ，土地区画整理組合設立の準備作業に着手した。当時，地区内には家屋移転対象住居が 46 戸点在していた。6 年間の土地立入期間を経て，昭和 49 年 11 月に「中川第一区画整理組合」が設立された。昭和 44 年 9 月からすでに新線工事に着手していた相鉄は，昭和 50 年 2 月に同組合と事業代行契約を締結し，鉄道会社主導による宅地造成工事を昭和 51 年 11 月から開始した。その 7 か月前の 4 月 8 日に新線相鉄いずみ野線が弥生台駅まで開通した。

土地区画整理事業の土地は昭和 61 年 4 月に換地処分され，宅地分譲が開始された。当時はバブル経済の絶頂期とあって，地価の急騰は予想をはるかに上回った。これが分譲価格に影響したことはいうまでもない。そうしたなかで，相鉄は宅地開発後，新しい都市計画の考え方であるアーバン・デザインを採用し，「人間性を追求した豊かな街づくり」を基本コンセプトに [4)]，① 駅を中心とした文化・教育・商業施設とその機能の充実　② 幹線道路・補助幹線道路沿いの電線類の地中化（延長 9,300m，高層住宅を含めた対象戸数：2,187 戸）　③ 住宅地内道路の歩行者優先道路化　④ 戸建住宅前の道路と各住宅の門塀・門扉にセミパブリック・ゾーンの設置，⑤ 景観整備計画「相模鉄道　緑園都市街づくり計画」[5] まで，つまり土木・建築・造園などの個々の工程だけでなく，これらの設計・デザイン，開発・保全，運営・管理までの都市空間をトータルでコントロールしようと考えた。この考え方が後述する緑園都市コミュニティ協会の設立につながった。

土地区画整理組合は，昭和 62 年 4 月 5 日に，12 年 5 か月の長きにわたる任務を終えて解散した。ここで，この事業の概要を整理しておこう。まずこの事業の目的は，新「都市計画法」の施行にともない，市街地区域に指定されたこの区域内において，宅地のスプロール化を未然に防止し，計画的な市街化をはかるため，緑園都市駅を当該開発の拠点と位置づけて新市街地を造成し，これによって公共施設の整備・改善，宅地の利用増進，および公共の福祉の増進に資することであった [6]。開発面積は約 122ha，地権者からなる組合員は 173 人，計画人口は約 18,000 人（人口密度：150 人 /ha)，新しい土地利用は，宅地 55.5 ha（全体の 45.5%)，公共・公益用地 32.7 ha（26.8%)，保留地［公共保留地合算減歩率：44.0%］34.0 ha（27.9%）である。宅地には戸建住宅を 2,834 戸，中層集団住宅街区（のちに高層住宅団地に変更）を 1,761 戸，その他を 143 戸と，約 5,000 世帯を想定した。公共用地の中心は，各種道路で，南北に縦貫する都市計画道路（幅員：22 m)，宅地内の歩行者専用道路（この一部に，後述するラドバーン方式の立体交差による歩車道分離型［**写真 1**］・クルドサック型・ループ型等の道路）および公園用地として広域公園：1・近隣公園：1・児童公園：6 の 8 か所（5.4 ha: 4.4%）を配置した。総造成工事費は 373 億 7,000 万円であった。なお，南北に敷設した鉄道は，ボックス・カルバート構造のトンネルで地中化し，その上を宅地と一部歩行者専用道路にした。この約 1 km の道路は「四季の径（みち）」と名付けられ，駅前通りの「インタージャンクションシティ」（平成 8 年）とともに，平成元年に横浜市から「横浜市まちなみ景観賞」を受賞している。

このように，緑園都市開発は私鉄会社主導による新線計画に並行した都市近郊住宅地開発であり，その開発手法は一般的な土地区画整理事業手法で

写真１　緑園都市「四季の径」の立体交差式歩車道分離地点
（出所）RCA 提供

あった。とはいえ，開発以前から相鉄が開発面積の約半分を先行買収していたことが一つの特徴である。つぎに，この地域は標高差が約 60m ある南北に細長い谷間を中心に造成された地域であるため，この形態が道路の配置や宅地造成の配置にかなり影響を与え，地形を有効に利用しなければならなかった［**１図・写真２**］。したがって，結果的に段差のある坂の多い盆地状の宅地開発となった。しかし，そうした工夫の効果があり，開発後 11 年を経た平成 9 年に，まず緑園都市駅が国土交通省から「関東駅百選」に認定され，開発後 18 年を経た平成 16 年 10 月に，緑園都市住宅地区が国土交通省から「美しいまちなみ優秀賞」（関東地区）を，平成 17 年には「緑の都市賞：国土交通大臣賞」を受賞した。もう一つの特徴的かつ重要なことは，相鉄がディベロパーとして開発し分譲した後も，開発地から直ちに撤退

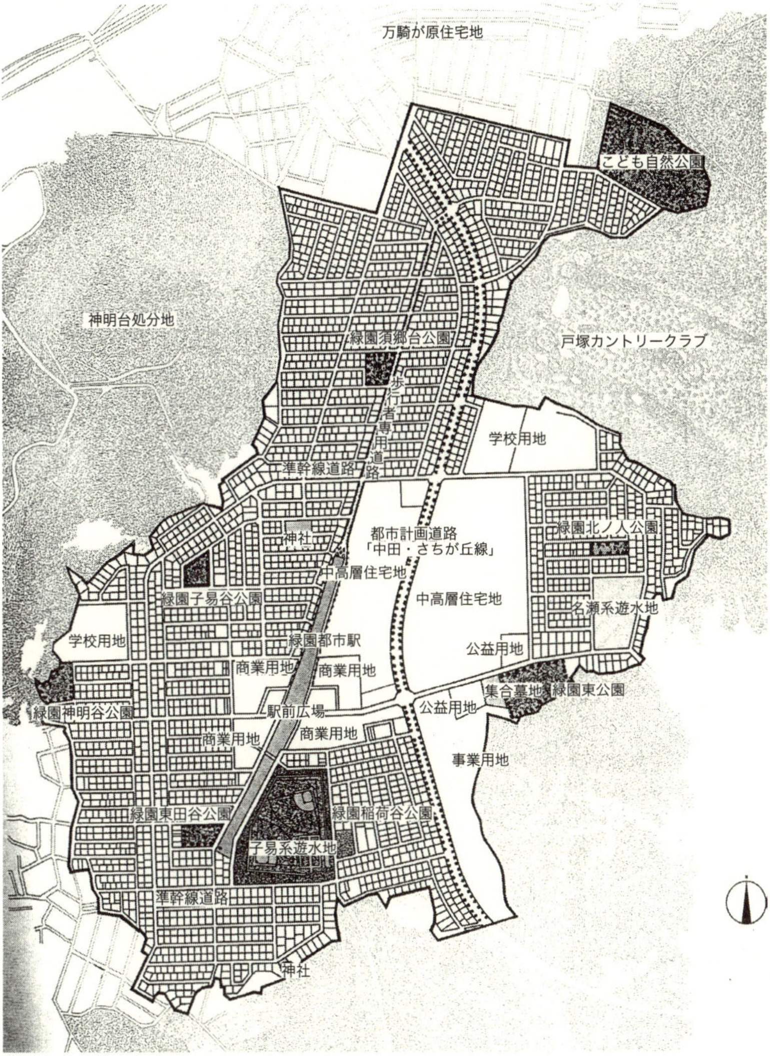

１図　緑園都市住宅開発地域の土地利用図

（出所）中川第一土地区画整理組合「土地区画整理事業のあゆみ」1987 年

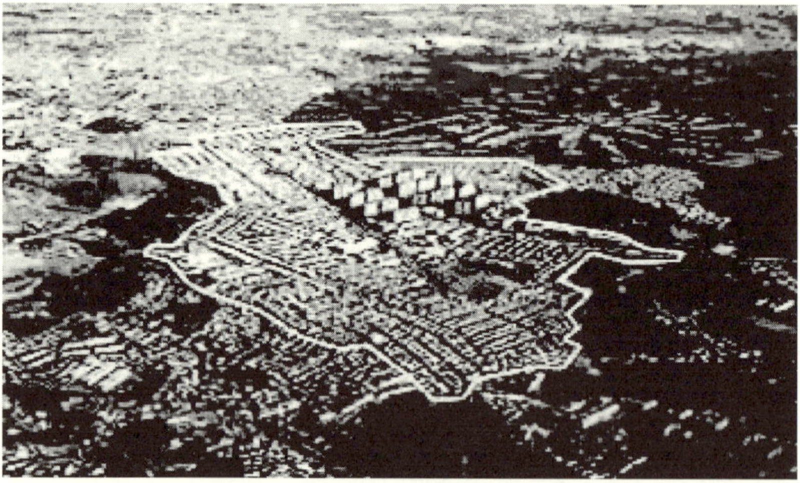

写真２　緑園都市住宅開発地域の全景
（出所）RCA 提供

せず，その後のコミュニティ形成に少なからず関係を保ち，資金的支援をおこないつつ今日に至っていることである。

3. 緑園都市コミュニティ協会の発足の経緯と活動

相鉄は宅地造成を完了させ，これから造成地に戸建住宅や集合住宅，および駅周辺の諸施設を建設する段階で，緑園自治会（当時 211 世帯）の設立と同時に，緑園都市コミュニティ協会（Ryokuen-Toshi Community Association: 以下，RCA と略称）を発足させた。それは土地区画整理組合の解散と同時期の昭和 62 年 4 月 1 日である。新しい住宅地開発の真の成功は，そこに計画通りの土地造成と建築物を建てることではなくて，宅地開発後に，それが何年先になるかは別として，その開発地域にふさわしいアイデンティティのあるコミュニティが形成され定着することである。そうした意味で，宅地開発後直ちに発足した RCA の存在と役割は注目に値するし，また重要である。この RCA 発足の経緯と活動について触れる前に，改めてコミュニティとは何か，とくに後述するラドバーンを念頭において，日本とアメリカのコミュニティの差異を再確認しておきたい。

そもそも欧米で使われるコミュニティと，村落共同体を起源とするわが国の地域社会とは意味内容が異なっており，区別する必要があると指摘する論者もいるが，ここでは，コミュニティを単に抽象的かつ理念的概念としてではなく，まず土地と緑と大気に直接触れることのできるリアルな地域概念として捉える。そう位置づけると，コミュニティの地域は，境界のある一定の地域範囲，基本的には地域住民が歩いて負担にならない程度の行動範囲である。地域住民からすれば，この範囲は日常の生活を営む範囲（生活行動圏）である。そしてその行動を裏づけるものとして共通の意識，帰属意識，あるいは共同体的意識が存在する。こうした意識は地域生活を守るという生活安全意識だけでなく，地域内で生産を維持し自立させ，地域自治を守り高めようとする連帯意識および共同防衛意識がある。地域住民は，コミュニティ意識をもつことによって，本来の人間的コミュニケーション，主体性，互助性，地域愛（環境愛，郷土愛）の重要性を感じ取り，共に生きる意味，喜び，楽しさを味わい，ここで生きている限り幸せでありたいと願うのである。

コミュニティ形成のプロセスは，自然発生的なものと計画的・創造的なものとがある。地縁・血縁的つながりが強調されるコミュニティは，前者の形成プロセスを経ることが多く，その地域の歴史・伝統・風土を重んずる傾向がある。一方，産業（生産，ビジネス，職業等），経済（所得，資産等），教育，政治，文化など，知縁的に相互作用し，機能的なつながりが強調されるコミュニティは，後者の形成プロセスを経ることが多い。したがって，新しい住宅地開発の後に創られるコミュニティは当然後者の形成プロセスを経ると考えられる。

こうして形成されるコミュニティは，その目的を達成し，持続可能なものにすることが望まれる。それには連帯的意思決定を下せる組織が不可欠である。仮にそうした組織ができたとすれば，地域の生活，生産，政治，文化などの自立と独自性を具体的に活動で示す必要がある。そうした活動としては；

① 土地，住宅，オープン・スペース，公園などの個人・共有資産の管理・運営
② 生活（コミュニティ）道路，駐車・駐輪場，街路樹などの管理
③ 地域内の清掃，衛生，廃棄物などの管理
④ 景観，環境などの美化と保全
⑤ 屋内外の防犯，防災などの安全・安心管理
⑥ 教育・ビジネス・健康などの整備・改善・支援・サービス
⑦ 情報受発信サービス

などであろう。加えて，こうした活動を円滑におこなえるように，さまざまな施設・空間が必要になる。たとえば，コミュニティ・センター，セキュリティ・サービス・センター，ガーデニング・センター，教育・文化会館，勤労・福祉会館，余暇諸施設，介護・医療サービス施設，情報メディア・ハウスなどである。こうした諸施設で大事なのは，利便性，新鮮さ，迅速性，多様性，持続性である。

ここで，日本とアメリカのコミュニティの実態的差異を明示しておこう[7)]。アメリカの場合，概して，都市そのものがいくつかのコミュニティの集合で構成されているといってよい。そしてそれぞれのコミュニティは，多くの場合，職業，所得，社会階層，宗教，人種，ライフスタイルなどで同質の人びとから構成される。言い換えれば，他者からみて排他性が強い。コミュニティ内にはさまざまな活動が集結しており，コミュニティ自体がそれぞれ生活，経済，自治という点で自己完結型になっている。最も重要なことは，コミュニティ内外の交通と移動は依然としてクルマが中心で，道路や住宅の形態はクルマを前提として配置され，機能している。したがって，コミュニティの地域範囲は，クルマによる距離および時間と密接な関係があ

る。後述するラドバーン・コミュニティは，こうしたクルマ中心の道路形態を歩行者優先の道路形態と併合させた先駆的なコミュニティである。

ともあれ，日本は第二次世界大戦以降，高度経済成長・バブル経済を通じて，経済成長最優先路線を猛進したために，国土の大規模な同質的開発，環境・景観破壊，東京一極集中化，地価の急騰，金銭感覚の麻痺，道徳・倫理の喪失を加速させ，かつての美しい自然や生活環境を破壊し，たいせつなものを失い，置き忘れてきた。その一つが自然発生的なコミュニティであり，計画的に形成されつつあったまちづくりの原型であった。

しかしここにきて，少子高齢化，人口減少，地方分権化，脱教育の画一化，景観・環境の保全，省資源・省エネ，家庭・家族・人間関係の大切さが自覚されはじめ，自然，歴史，伝統，文化などとともに，コミュニティの大切さが再認識されてきた。今日においては，過去の実績を尊重しながら，明日につながる新しいコミュニティの形成が重要になってきたのである。

コミュニティの概念および日米との実態的差異を再認識したところで，RCA の発足の経緯と具体的な諸活動について注目してみたい。

RCA 発足の起こりは，繰り返すまでもなく，相鉄が緑園都市住宅地を開発するに当たり，新線を敷き，その沿線を宅地造成して，鉄道会社が不動産事業を手掛けるとともに，そこに人口を収容し，乗降客数の増大を狙うという従来の開発手法を改め，宅地開発後の新しい都市づくり，まちづくりまでを組織的に責任をもって参入しようと働きかけたところにある。先のアーバン・デザインをかかげたことはその具体化の第一歩であった。この発想の導入によって，宅地段差と道路の坂の多さの造成地を有効に，ゆとりあるまちづくりに反映することができる。ハコモノの追求だけでなく，人間性を追求したセンスのある計画的なまちづくりが可能になると考えたのである。そこでディベロパーである相鉄が，RCA 発足の組織母体となったのである。

こうして誕生した RCA は，発足してから今日まで 20 年を経過しようとしている。この間に RCA がいかなる活動を展開し，リードしてきたか，そのことによって新しいコミュニティ形成にどのように貢献し今日に至っているかを大まかに辿ってみることにしよう。

いまRCAの発足にディベロパーである相鉄が大きな役割を果たしたと指摘したが，RCAの組織メンバーの主体はあくまでも緑園都市開発地に住む居住者であり，そのほかに各種店舗の経営者および教育関係者としてのフェリス女学院大学（平成3年に相鉄が誘致）であって，相鉄は支援者たる特別会員である。

後述するように，RCAは発足と同時に「緑園都市まちづくり憲章」を制定した。ここで「緑園都市コミュニティ協定」を定め，緑園都市開発地に良好なコミュニティを形成し，快適で安全な居住環境を創造し維持して，生活の豊かさを実現するだけでなく，住民相互のふれあいと社会的・経済的地位の向上をはかろうとした。

その後，住宅地の景観維持に関するガイドラインを設定し指導するために，平成4年に「まちづくり推進委員会」を発足させ，横浜市の「地域まちづくり推進事業」の支援を受けて，緑園都市のまちづくりワークショップを開催した。そしてその成果を小冊子「はじめよう　私たちのまちづくり」にまとめた[8) 9)]。

時を同じくして，RCAはラドバーン協会と姉妹住宅地提携を進め，その締結に成功した。そこでラドバーン協会の契約条項や規則・規制をモデルとして「緑園のまちづくり」（紳士協定）の原案作成に執りかかった。平成7年8月にはその原案を作成し，住宅地全戸に回覧した。これに対する意見や疑問を調整し，平成8年3月に正規のガイドライン「緑園のまちづくり」のパンフレットを発行し，全戸に配布した。

この「緑園のまちづくり」の内容は，つぎの3点に要約できる[10)]。

① 美しいまち並みにし，落ち着いた住環境と精神的なゆとりと豊かさを実感するまちにするために，建築物・道路・緑などを調和のとれたものにする。具体的には，住宅地については，建物の色彩，物置・空調機等の屋外付帯施設，擁壁・二段植栽，TVアンテナなどにかかわるルール

を守る。商業地については，店舗のサイン・広告，歩道での立て看板や旗，駐車場や空き地での野立て看板，自動販売機の設置などにかかわるルールを守る。

② 四季を感じ，心がなごむ緑豊かなまちにし，良好な景観を維持するまちにするために，垣根は生け垣，集合住宅にも緑地，駐車場等にも生け垣，中高層住宅の窓辺を花や緑で飾る，などにかかわるルールを守る。

③ このまちを住みよく，暮らしやすいまちにするために，一人ひとりが近隣やまち全体の環境に気を配り，プライバシーに配慮（防音サッシュ，高い小窓・天窓，目隠し用生け垣・植栽，台所等のトップライト・サイドライト）し，店舗用の広い駐車場スペースの確保，店舗からの騒音・悪臭の防止，未利用地の発生の防止・定期的草刈などにかかわるルールを守る。

ところで，地域住民（居住者）組織から成るRCAの組織は，現在のところ非営利組織となっている。自治会や町内会とともに法人登記することも可能であるが，共有財産に関する登記上の手続き，解散という万が一の時の共有財産の移管の義務などに難点があり，公益法人とはなっていない。RCAは緑園都市駅の近くに事務所（当初相鉄から局長以下3名，現在その1名が残留）を置き，日常業務を遂行している。役員構成は，理事長・理事20名（各地区から2名，一般推薦として全地区のなかから4名），監事2名から成る。もちろんこのメンバーのなかに相鉄の役員が含まれている。現在（平成18年度）の会員世帯数は，8区画（戸建6地区，集合住宅2地区）合わせて3,784世帯で，全世帯数（4,738世帯）の約8割である。会費は，自治会費500円/月額のうちRCA会費として一人当たり月額140円，年額1,680円である。改めて，相鉄が単なる鉄道および住宅地開発のディベロパーでなかった点は，発足当初から計画予定総会員数に達するまで，この不足会費分を年々肩代わりしていた点である。RCAの今日は，この相鉄の行為なくして存続し得なかったように思われる。ちなみに平成17年度の年間予算は，総収入が932万8,000円であった。このうち，相鉄が特別会員として100万円を納入している。RCAの共有財産は，クラブハウス，自治会館，案内板，プランターなどである。

具体的な活動をみてみよう。RCAの組織上の各種委員会にこだわらずにテーマごとに整理してみると，以下のようになる[11)]；

① まちづくり・環境整備推進活動
- 緑園都市駅および「四季の径」周辺の一斉清掃
- 緑園都市駅および駅前の活性化に関する調査・検討
- 駅前などを定期的に清掃する団体への援助
- 「緑園のまちづくり」ガイドラインの普及・推進
- 神明台ゴミ処分地跡地利用の情報収集・検討（現在，中断）
- 美しい「先進的」まちづくりに向けた調査（建築協定，地区計画……現在，緑園一・二丁目の一部が指定されている）・検討
- まちづくりのルール（看板，のぼり，ネオン，色彩など）
- 泉区都市計画マスタープランに対する提言
- 県立岡津高校・フェリス女学院大学（GIS研究会，エコキャンパス研究会など）の生徒・教職員・学生たちのまちづくりへの参加・協力の推進

② 緑化推進・増進活動
- 花と苗木の頒布会開催
- RCA緑化用特製プランターの無料貸し出し
- 遊歩道の花壇づくりの維持・美化，緑園都市駅前のプランターの植え替え，緑園東・西両小学校への花や野菜の苗の提供
- 緑化講習会の開催
- 園芸用品などの備品の無料貸し出し
- グリーンバンク制度（循環型社会に向けての緑のリサイクル）の促進
- 学校給食からの残飯などの生ゴミの堆肥化とその有効活用

- 準公用地（「四季の径」，緑園大通，道路の植栽帯，クラブハウス・自治会館の敷地等）への樹木の植樹
- まちのシンボル・ツリーなどの検討

③　広報活動

- 「RCA だより」「緑園コミュニティニュース」などの広報誌の発行
- 「緑えんネット」上での広報活動
- フェリス女学院大学大学祭への参加

④　サークル・スポーツ・文化活動

- 各種サークル（女性コーラス，社交ダンス，囲碁，パソコン，ゴスペル，コントラクトブリッジ）・スポーツ活動（緑園テニスクラブ・テニス同好会，ソフトボール，ゲートボール，卓球，少年野球）の支援
- まち全体の諸行事へのサークル・スポーツの参加推進
- 各種講演会，ファミリー・コンサートなどの企画・支援

⑤　各種講習会・セミナー，イベントの開催などの企画・支援活動

- 地域住民を対象とした各種講習会・セミナー，イベント開催の企画・支援

⑥　ホームセキュリティ・サービス活動……相鉄は，開発当初から戸建・集合両住宅を含めて，全域をセキュリティ対象地域として基盤整備し，近年では，この活動の機械整備分野を全面的に引き受けている。こうした活動は日本でははじめてだと思われる。

- 防犯・防災，交通事故防止など，安全・安心などに関する情報受発信
- 街路灯（防犯灯）の設置・維持・管理
- 防犯パトロールの強化……泉警察署地域課の協力のもとでの「青色防犯パトロール」，防犯カメラの設置（検討）
- 放置自転車・バイクの一掃
- 「分離信号」の設置・運用
- コミュニティ道路の歩道の拡張・速度制限・騒音防止（検討）
- 緑園都市開発地周辺に残存する雑木林などの調査・検討

⑦　有線テレビジョン放送（YCV）との契約，「緑えんネット」[12]の開設などによる情報・交流活動

・　CATVとの団体利用契約

・　「緑えんネット」の運営・普及・充実

・　パソコン教室の開催

⑧　国際（海外）交流活動

・　姉妹住宅地提携相手の「ラドバーン協会」との交流

・　インターナショナル・トーク・サロンの開催

・　地域内および市内留学生たちとの交流

⑨　クラブハウス，自治会館，案内板等の共有施設の維持管理

⑩　その他協会の目的達成のために必要または有用な活動

・　他地域との交流

要は，このような諸活動を通じて，良好な住環境を整備し，これによってまち全体の資産価値を高め，住んで誇れる知名度を高めることが狙いである。

こうしたRCAの活動は，会員（居住者）側からどう捉えられているのであろうか。ここに二つの調査報告があるので，これを引用して推測してみよう。

一つは，RCAが発足して3年後の平成2年7月に，相鉄が戸建住宅入居者と集合住宅入居者とに分けて実施した住民アンケートである[13]。

これによると，戸建住宅入居者の世帯主の年齢層は40歳代後半の人びとが多く，高額所得者層で，家族構成は乳幼児から小学生までの子供たちを抱え，教育費の出費の多い家族が多い。住環境に対する満足度は，このまちは緑が多く環境がいいという理由で満足度が高い。主婦層の趣味も草花や植木の手入れ（ガーデニング）を楽しむ主婦が多く，ゆとりのある暮らしをしているようである。

集合住宅入居者の世帯主の年齢層は，30歳代後半の人びとが多く，家族

構成も小さな子供たちのいる家族が多い。戸建住宅入居者の世帯主の年齢層よりも若干若い年齢層が入居している。しかし，所得水準は高水準であり，教育費の出費が嵩むが，ゆとりのある暮らしをしているようである。住環境に対する満足度は，戸建住宅入居者の人びとよりは低いが，それでも高い満足度を示している。したがって，この時期の入居者は，RCA の活動に，概して積極的に参加しており，住民の自立性を引き出す RCA の活動に対して高く評価していることがわかる。

もう一つは，平成 7 年 12 月に実施した「居住環境に関するアンケート」である[14)]。

この調査の年は，RCA が発足して 8 年目になる。これによると，RCA の存在を意識している人びとは半数でしかなく，したがって，RCA の活動内容を知って積極的に参加している居住者（被対象者の 20％弱）は，当初よりも減少している。コミュニティ活動に参加する人びとのなかで重要な存在なのが女性，とくに主婦層である。「幼稚園・小学校などの父母会での交流」や「花の頒布会」「苗木の配布」「プランターの貸与」などの緑化活動への参加が多い。RCA の活動の評価は，約 8 割の人びとが良いとしている。しかし概して，居住年数が多くなるほど RCA の活動への評価は低くなる傾向があり，後述するように今後の課題を残している。

ところで，上の具体的な活動③・⑦で触れた「緑えんネット」であるが，これは慶応義塾大学と野村総合研究所（NRI）が共同で設立したサイバー社会基盤研究推進センター（CCCI）が，1998 年 7 月から 2000 年 3 月までの約 1 年 8 か月にわたって社会実験した地域ネットである。この地域ネットは，緑園都市開発地域内に住む居住者だけを対象にしたクローズドなコミュニティ・イントラネットである。この実験に積極的に登録参加した人は，965 人（2000 年 3 月末現在で，全居住者数の約 7％），世帯数では 444 世帯（全世帯数の約 10％）で，その多くが 30 歳～40 歳代のファミリー層で，とくに女性の参加が多い。なお，参加者の平均居住年数は約 10 年である。

この実験の狙いは，まず第1に，居住者の個人と個人との新しい横のつながり，つまり，サイバー・コミュニケーションを密にすることであり，第2は，ネットによる地域問題の解決力を強化することであった。具体的にはつぎの2点である。

① 地域情報の受発信，地域福祉サービスの支援，学校や商店街などの連携，伝言板の活用，行政情報の仲介，パソコン教室の開設など。
② 環境，教育，高齢者，地域活性化，文化・伝統の維持・創造など，市場原理だけでは解決できないものについてのネットでの解決。

この実験で得たメリットは，プライバシーが保たれるなかで，居住者が実際に顔見知りになる前に，バーチャルな画面で互いに近づくキッカケがつくれ，またリアルな口コミ情報を得る前のつながりのキッカケとなって，実際の出会い・交流の機会になることである。これが度重なることによって，まちのソフトなコミュニケーションが波及することになる。それ以上に効果があったのは，「スクールふれあいネット」との連携であった。学校と地域とをつなぐコミュニケーションだけでなく，学校と学校，大人と子供との連携が密になり，子供たちの生き方や教育に少なからず影響を与えたことである。結果的に，連帯感，信頼感，助け合い・思いやり，自己表現の訓練などの大切さを実感したことである。

「緑えんネット」は，こうした先駆的・社会的な試みであったが，問題点も浮彫りになった。まず，パソコンを持っていない，使えない，不得手な，あるいは嫌いな人は参加できないことである。第2は，主催者側のPR不足，実験期間の短さもあって，多くの住民に周知徹底できなかったこと，また対象者が他地域とくに県外からの新居住者が多く，この導入が時期尚早であったことである。第3は，クローズドであるため，インターネットとは別に「緑えんネット」のホームページにパスワードとユーザーIDを入力してアクセスしなければならない面倒さがあって，予想通りに活用されなかったこと，一方，閲覧しても反応しないいわゆるサイレント・メンバーが存在していたことである。

この「緑えんネット」は，実験期間満了をもって2000年５月からRCAに移管され，RCAのホームページの一角に収められているが，多くの課題を残したように思われる。その第１は，コミュニティに必要なコミュニケーションを，この種のネットですべてをカバーし得ないことは当然としても，期待されるほどの成果が出なかったことである。第２は，こうした実験あるいは本格的な導入は，長い年月をかけて蓄積され継承されてはじめて効果が出てくるものであって，短期間ではその有効性を発揮させることはできないということである。第３は，こうしたネットによるコミュニケーションも，もともと住んでいる地域を知らない人であればあるほど，その目的を達成することができないことである。第４は，RCA活動の各分野ごとの連絡や意見交換など，情報的バリュー・チェーンのベースには有用であっても，それが多少プライベートな，そして身近で面倒な問題になると，連絡や意見交換を止めてしまう事態が発生し，かえってその後のコミュニケーションにギャップを招きかねないということである。最後に，このネットが緑園都市コミュニティ内のコミュニケーション機能として，たとえ30％の役割を果たしたとしても，コミュニティ形成とその活動への貢献度は少なく，やはりリアルな会話と行動が不可欠であり，これを重視しないと真のコミュニティ形成とその活動は容易に進展しないということである。

この実験は，コミュニティでの信頼関係は，まずリアルな対話と行動を通じてのふれあいや思いやりが大切であり，そのうえでサイバー・ネットとの共存をいかに有効ならしめるかが重要であることを教えている。

さて，RCAは，発足の翌年の秋に相鉄の主要メンバーとともに，後述のラドバーン住宅団地に表敬訪問を兼ねて視察・調査した。この目的は，今日ではアメリカのほとんどすべてのニュータウンに設立されている住宅所有者組合（Home Owners Association: 以下HOAと略称）の原点であり，現存の代表的モデルでもあるHOAを現地検証するとともに，前もって打診していた国際交流の可能性を探るためであった。この時，その可能性を現実のものとするためにラドバーン協会のリーダーに日本訪問を要請した。その誠意が通じて平成３年10月に当時の同協会の理事長（マチュール）と事務局長夫妻（オーランド）を緑園都市に招待し，現地の実情を見てもらった。こうした一連のプロセスの効果があって，平成５年３月にラドバーン協会のコミュニティ・センターで姉妹住宅地提携を両協会理事長ドナルド・ワイズと八幡憲彦との間で正式に締結した[15)]。この提携は，日本ではじめてであり，ラドバーン協会としても海外提携ははじめてである。したがって，これまでの日本の都市郊外住宅地とコミュニティ形成とのかかわりからみて，初の「日本型HOA」を誕生させた画期的な締結であるといってよい[16)]。

締結後の主な交流は，定期的な情報交換，緑園東小学校児童の書道・折り紙・絵画などの送付，ラドバーン小学校児童の絵画展，緑園都市まち並み紹介ビデオの送付，両協会代表による共同発表（1994）[17)]，協会・住民間での手紙・メール交換，グリーティング・カードの発送などである。

ここに，RCAがラドバーン協会と締結した後，その規定をモデルにした「日本型HOA」に対して，緑園都市の居住者がどのように認識し評価しているかを調査した報告がある[18)]。調査時期は，締結してから８年後の平成13年11月である。これによると，被対象者（403人）の約10％がRCAの存在を「よく認知」しており，70％弱が「ある程度認知」している。活動内容でとくに認知度が高いのは，「花と苗木の頒布会開催」「広報誌の発行」「RCA緑化用特製プランターの無料貸し出し」「CATVとの団体利用契約」「緑園都市駅および‘四季の径’周辺の一斉清掃」などで，低いのが，「グリーンバンク制度」「緑化講習会の開催」「クラブハウス，自治会館，案内板等の共有施設の維持管理」などである。つぎに，活動への参加（利用）の度合いが多いのは，「CATVとの団体利用契約」「花と苗木の頒布会開催」「広報誌の発行」「緑園都市駅および‘四季の径’周辺の一斉清掃」であり，少ないのは，「インターナショナル・トーク・サロンの開催」「ラドバーン協会との交流」「グリーンバンク制度」である。第３に，これからの参加（利用）

意向で高いのは，「街路灯（防犯灯）の設置・維持・管理」「クラブハウスの利用」などである。しかし，「その他」を合わせると，全体的にはRCAへの参加の意向は高い。第４に，年額1,680円の費用負担に対する認知度は，自治会費と一緒に徴収されているため費用負担を「認識していない」人が若干いるが，妥当な金額であると「認識している」人が約65％である。しかし，現在の住環境を維持するには安いと感じている人が20％弱おり，これから住環境をよくするために費用負担を増額してもよいと考えている人は約85％で，その負担額は月額300円～500円程度が妥当であると考えている人の割合が高い。最後に，今後の取り組みに期待する活動は，「ペット飼育マナーの指導，野良犬・野良猫対策」「迷惑駐車の追放」「レンタル・グッズの提供」など，生活の管理面への期待が高く，また「長期出張等不在住宅の管理」「生け垣の手入れ業者の紹介・斡旋」「高齢者への対応と子育て支援サービス」「宅配サービス」「不動産の売買・斡旋」など，生活の共同化・協力化への期待である。この限定的調査結果で判断する限り，調査当時はラドバーン協会との交流にはなお関心が薄いものの，RCAの存在とその活動の評価には，約８割の被対象者が肯定的であることがわかった。

4．ラドバーン住宅団地開発とラドバーン協会

1）ラドバーン住宅団地開発の背景と現状

上述のRCAと姉妹住宅地提携に締結したアメリカのニュージャージー州バーゲン郡フェアローン市内のラドバーン地区は，ニューヨーク市の都心から北北西の半径25 km圏内に位置し，ワールド・トレード・センター駅からは電車で約１時間，マンハッタンからはクルマを使うと約30分で到着可能な距離にある住宅地区である。開発前のこの地域一帯は，ニューヨーク市の都市近郊という好立地を活かした果樹・野菜栽培，とくにほうれん草などの軟弱野菜の栽培を主生産的に展開していた比較的起伏の少ない園芸農業地帯であった。

この地域一帯の土地2平方マイル（約500ha）を住宅団地として開発しようと先行取得に乗り出したのが，ニューヨークに本社を置く不動産ディベロパーであり建設業者である都市住宅会社（City Housing Corporation: 以下CHCと略称）であった。

CHCは，1924年にアレキサンダー・M・ビング（Alexander M. Bing）が設立した民間企業で，当初，この地区に自動車時代とその社会（モータリゼーション）に適応した，というよりはむしろモータリゼーションに全面的に影響されることのない住宅団地内の道路整備と，イギリスのハワードの田園都市構想をモデルにした，理想的な都市計画住宅を実現しようと，ラドバーンの開発計画に着手した。

ところが，開発に着手した1928年の翌年に，ウォール街のパニックに端を発したアメリカ経済の崩壊（大恐慌）が起こり，これから高級住宅地を購入しようと考えていたであろう潜在顧客が急減し，アメリカ住宅市場は壊滅状態に陥った。このため，CHCはラドバーンの開発計画を予定していた全体の15％も手掛けないうちに撤退を余儀なくされ，会社自身も1934年に倒産した。

当時の初期計画は，約500 haの土地に小学校と内部公園（internal park）[19]を中心とした近隣住区を3住区つくり，1住区に7,000人から10,000人程度の人口を配置し，その住区内にスーパーブロックと称するおよそ16haの大街区を6街区つくり，3近隣住区全体で25,000人（人口密度：50人/ha）を収容して，アメリカ初の田園都市を建設する計画であった[20]。

全体計画の一部（60.3 ha）とはいえ，1近隣住区の3分の1程度の規模で完成した都市近郊住宅団地ラドバーンは，主として住宅地と道路の配置および広大な共用地の確保という点で特徴づけられる。まずおよそ51 haの住宅用地に，戸建住宅（single family home）が430戸，テラスハウス（row house）が90戸，コンドミニアム（semi-attached house）が54戸，そしてアパート（apartment unit）が93戸，計667戸が建設され，現在2,800人ほどの住民が居住している。住区構成は，スーパーブロック内で10戸～20戸程度ごとにクラスター型に集合化されており，住宅様式は，住宅団地全体の景観や住環境に配慮しつつ，いくつかの様式（クラシカル様式，ヴィクトリアン様式，コロニアル様式など）を用意し，デザインに特性をもたせ，居住者の選択の余地を可能にした。クラスター型の住戸集合化は，後述するラドバーンのコミュニティ形成にも有用であった。なお，各戸は，歩道から3 m～4 mセットバックして建てられ，小径に面し，芝生・草花・植木あるいは菜園などに覆われた広い中庭的な緑地空間（オープン・スペース）側に居間や寝室などのリビング空間を配し，反対の道路側に面するいわば住宅の裏側に生活サービス空間（キッチン，トイレ，ガレージなど）を配するように建てられた。

道路の設計と配置は，まず「ラドバーン方式（Radburn system）」といわれる世界で最初の立体交差式歩車道分離（underpass）［**写真3**］を導入した[21]。スーパーブロックの外側の道路は幹線道路として通過機能をもたせた。ブロック内の道路は，一部に副幹線道路（ハワード・アベニュー）を通すが，他のすべての道路は通過交通を排した生活道路（コミュニティ道路）と位置づけ，設計はいわゆるクルドサック（cul-de-sac）方式を導入し，これに歩行者専用の歩道や小径を配置し，道路を機能的に段階づけて設計した。道路網形態の一種であるクルドサック方式の道路は，広大な道路空間を要し，一旦造ってしまうと後の改変が非常に困難であるという難点があるが，歩車動線の分離（生活者のクルマおよび生活関連車両以外の通過交通の抑制），公用地の機能，居住環境，およびまち並み景観などを長期に維持することができる長所がある。ラドバーンでは，ここでのクルマの走行速度を15 km/h程度とした[22]。こうした道路の設計と配置が，自動車時代に対応しつつ，住民のクルマに対する安全，とくに小学校や運動場あるいは遊び場に行く児童たちの安全[23]および生活環境と景観を守る良好な住宅団地開発であるといわれる根拠になっている。

最も特徴的なのは，後述する共用地の確保とその配置である。約9.3 ha

写真３　ラドバーン「ハワード・アベニュー」の立体交差式歩車道分離地点
（出所）RCA 提供

の公園・緑地および公共用地には，公共施設を含め，住宅団地の居住者だけが利用できるさまざまな施設が用意された。まず公園だけで全体の15.4％が確保され，小学校（ラドバーン・スクール），ショッピング・センター（ラドバーン・プラザビル），教会，コミュニティ・センター（グランジ・ホールと称し，このなかに事務所，図書室，クラブ・ルーム［このなかに緑園都市委員会の担当部署がある］，託児所［ベビー・シッター制度の世界最初の試みだといわれている］，キッチン，メンテナンス・ショップ，ガレージ，レクリエーション・ルーム，ステージ付き体育館）などのほかに，スイミング・プール２面，子供用プール１面，テニス・コート４面，子供用テニス・コート２面，野球場３面，ソフトボール球場２面，運動場２面，屋外バスケットボール・コート２面，アーチェリー・プラザ１か所，サマー

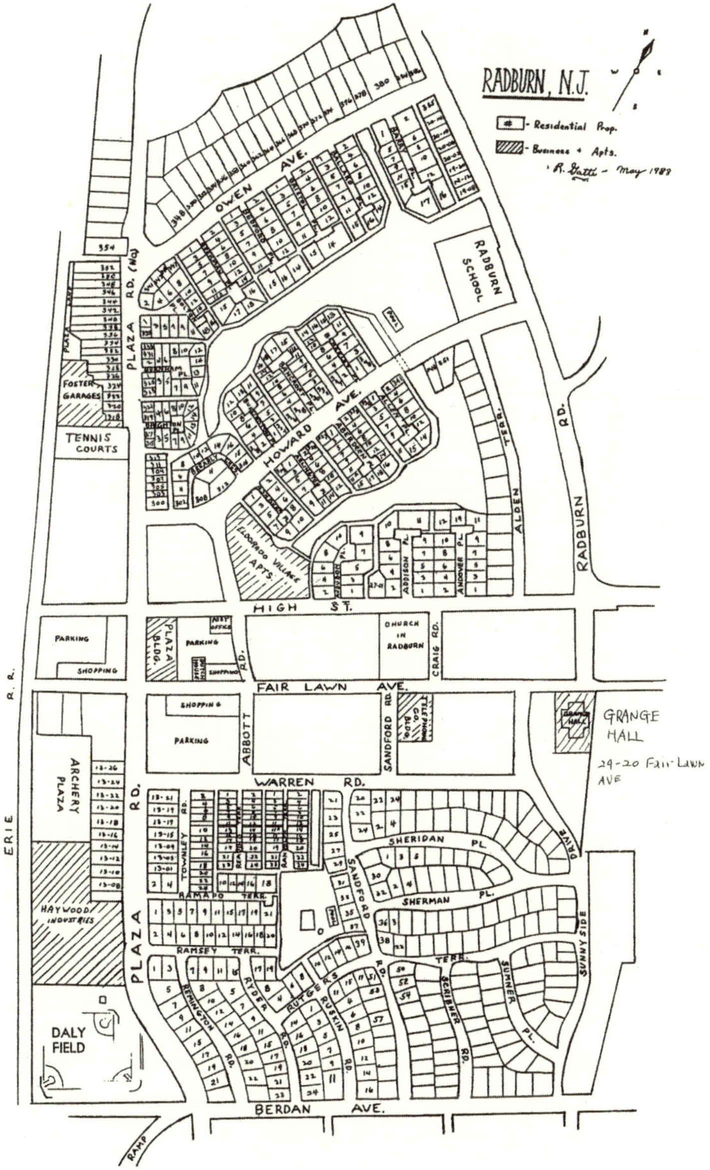

2図　ラドバーン住宅開発地域の土地利用図
（出所）RCA 提供

写真４　ラドバーン住宅開発地域の部分景
写真の右下端方向がラドバーン駅。
写真上部の左上がりの道路が「ハワード・アベニュー」。
（出所）「AIA Journal」December 1976. p. 25.

ハウス２か所などが配置された［**2図・写真4**］。

ところで，ラドバーンの開発業者であるCHCがこの住宅地を開発するまでには，さまざまな人的背景や狙いがあったが，計画は理想と現実との間で，最終的には未完に終わった。とはいえ，理想に近づけるための努力がなされ，さまざまな開発・運営・管理手法が考案された。これらがほとんどアメリカの都市近郊住宅地開発の最初のモデルとなり，のちにアメリカのコミュニティ形成にまで多大な影響を与えた。その果たした役割を認識することは，既述の緑園都市コミュニティと比較し，将来を展望するうえで極めて重要である。

1926年に「理想都市計画住宅」ラドバーンを設計したのは，建築家ヘンリー・ライト（Henry Wright）とクラレンス・S・スタイン（Clarence S. Stein）であるが[24)]，そのうちのスタインは，イギリスのセツルメント運動を起源とするコミュニティ運動に強い関心を示し，その形成を目指して1919年に自ら事務所を構え，1923年にイギリスの田園都市運動の推進組織となったアメリカ地域計画協会（Regional Planning Association of America: 以下RPAAと略称）を立ち上げた。スタインはまたエベネザー・ハワード（Ebenezer Howard）の理想的な田園都市構想を実現させるため，CHCのビングと接触し，その実現をはかろうとした。しかし，RPAAは，結果的にはハワードの田園都市構想を実現させることができなかった。つまり，アメリカ資本主義下の経済的，社会的，および物的条件から，都市と農村の機能の結合および職住近接の自給自足型都市は建設できなかった。それに代えて，住宅地内に公用地としての公園・緑地を広く配することでアメリカ型の理想的な田園都市ラドバーンを実現させたのである。

RPAAのメンバーには，ライト，ビングの他に，フレデリック・L・アッカーマン（Frederick L. Ackerman），ルイス・マンフォード（Lewis Mumford），それにクラレンス・A・ペリー（Clarence A. Perry）らがいた。ペリーは，上述のコミュニティ運動のリーダーであったが，一方で住宅地計画の設計手法として，住宅地内道路の通過交通と循環交通との区別，小学校などの公益施設，それにオープン・スペース（公園やレクリエーション用地）および商業施設を一体的に配置して，中流階級以上に属する人びとから成る健全なコミュニティを形成する，いわゆる近隣住区単位（neighborhood unit）の概念を1929年に発表した[25)]。この考え方は，スタインをはじめ，P・アーバークロンビー（P. Abercronbie）など多くのメンバーに影響を与え，ラドバーン開発にも提案された。

スタイン，ライト，アッカーマンらは，ラドバーンの計画的集合住宅の中央に共用地を確保し，そのなかに上述のクルドサック方式や立体交差する歩車道分離方式の道路形態を導入しただけでなく，クラスター型の住宅集合形態をも導入した。これらがラドバーンの計画的コミュニティ形成にも有用であった。

ラドバーン住宅団地は，上掲の不動産ディベロパーであり建設業の経験をもつビングと，1926 年に CHC に参加した弁護士であり都市計画家であったチャールズ・S・アッシャー（Charles S. Ascher）との協同により開発された住宅団地といっても過言ではない。ビングは CHC を設立する際に，イギリスの田園都市のように土地を公有地化しない証書規制（分譲契約）を考案して，開発コンセプトを明確にし，住宅販売を戦略的かつマーケティング的に有利に展開させただけでなく，富裕な住宅購入者に不動産利用の自由を制限することによって，開発住宅地に住宅地の外観，街路形態，および公園・緑地の配置などによる快適性，人種的・社会階層的排他性，および生活安全性などを提供して不動産価値を高めようとした。

アッシャーは，ビングが開発した計画的住宅団地を購入者に販売する前に住宅所有者による組合（HOA）を創設し，土地・住宅の管理・運用，資産価値の管理・向上，ラドバーンという知名度の向上および新しい地域文化価値の向上をはかるために，制限約款を考案した。HOA と住宅所有者によって取り交わされるこの制限約款によって，カウンセル・マネジャー制度を採用する地方自治政府に対応する私的政府[26]を創設したのである。HOA による制限約款の執行は，ラドバーンだけでなく，その後のアメリカの都市近郊住宅団地開発にごく一般的に展開されていった。

不動産ディベロパーから引き渡された私的政府形態の開発住宅地は，ディベロパーとの契約に基づいて，必然的にコモン（共用地：common）の所有権つまり共有権益を有する住宅地（Common Interest Developments: 以下 CID と略称）となる。加えて，公的政府のサービスを代行する組織，たとえば，道路の維持・管理，造園，街路樹・街灯の管理，除草・除雪・清掃・ゴミ処理収集，下水道処理，オープン・スペースの維持・管理などとこれらを自治管理する組織つまり HOA が求められる。そもそもコモンとは，集合住宅地内にある物理的な共用地と，これを共同で統治する方式から成り立っている。CID の住宅購入者および居住者は強制的あるいは義務的に HOA に加入することになり，CID の開発業者にとってはこのコモンが購入者へのインセンティブになる。こういうことで，コモンの創出とその原型はラドバーンにあるとされるのである。

HOA は，今日の CID，すなわち，私的資本によって供給され，私的に整備され，所有され，固有のコミュニティを形成し，管理・運営されるハイ・レベルな分譲住宅地の原型であり組織である。したがって，ラドバーンはまた，組織，設計，販売，管理・運営において，今日の CID の先駆であるともいえる。HOA は，資産を保全し，その価値を高めることから，居住者は住宅地を自ら守らなければならない。そのため HOA は，各居住者の私的財産権に一定の制限を加え，公共を尊び，厳しいルールを課し，居住者のプライベートな部分をも拘束して統治することになる。

このような事情から，CID の住宅購入者には特徴が現れ，一般の人びとよりも高い年齢で白人が多く，高額所得者であり，CID ディベロパーが販売目的のために掲げた開発コンセプトに同意し，同質性ゆえに類似した政治的・社会的・経済的関心をもつ人びとである。後述するラドバーンの居住者もその例外ではない。

繰り返すまでもなく，ラドバーンを設計したスタインやライトはもちろんのこと，RPAA のメンバーであったペリー，および私的政府を設計したアッシャーも，健全なコミュニティ形成（開発）に強い関心を示し，ラドバーンを開発したビングも住宅開発業者としてだけでなく，コミュニティに注目し実行したという点で，アメリカの初期の計画的コミュニティ建設業者であったといえる。というのは，証書規制を利用して，事前に未来のコミュニティを計画し，建設し，規制することができたからである。しかも特徴的で固有のコミュニティを建設すれば，分譲地の販売額を高めることができる。一方，CID の住宅購入者および居住者は，自動（強制）的にコミュニティ組合（Community Association: 以下 CA と略称），つまり，HOA の会員になる。その規定（民事契約）は，ディベロパーによって起草され，それが証書（台帳および権利書）として約款，約定，規定（Covenants, Conditions & Restrictions: 以下 CC&R と略称）の３条項で表記され，実施される。

CID 居住者も自己資産と利害関係が保全・保護される以上，CID 内でプライベートな行動を極力控え，公私ともに自発的なコミュニティ形成に関与することが求められる。つまり，いままで述べたラドバーンに関する住宅団地開発の背景や経緯および特徴は，最終的にはコミュニティ形成へと収れんされるのである。現に，アメリカの急成長都市郊外地域では，ほとんどすべての住宅団地が居住者コミュニティ協会（Residential Community Associations: 以下 RCAs と略称）の統治下に置かれている。そしてその管理・運営の水準が高ければ高いほど，知名度は上がり，資産価値は高まる。

ところで，HOA や CID の創設に大きな影響力のあったジェシー・C・ニコルズ（Jesse C. Nichols）は，1937 年にディベロパー組織であるアーバン・ランド・インスティチュート（Urban Land Institute: 以下 ULI と略称）を設立し，1944 年にはコミュニティ建設業者評議会（Community Builders' Council）を設立して，コミュニティ建設業者の主導的役割を果たした。ULI は，ニコルズの意を継いで 1973 年に住宅建設・分譲業者から成る全国住宅建設業協会（National Association of Home Builders）と協力してコミュニティ組合研究機構（Community Association Institute）を設立し，CID の住宅購入者および居住者による私的政府の保護と育成，および一般市民に対して CID の住民になることでいままでの生活や資産価値の一層のレベル・アップをアピールすることを目的とした。

前章でも触れたが，アメリカのコミュニティを，ここではとくに CID に形成されるコミュニティに焦点を当ててみると，主として 5 つの特徴がある。1 つは，明確な土地的境界線，ときには外壁（フェンス）や防護柵（バリケード）を引き，外部に対して排他性・防御性をもつ点である。第 2 は，個性（アイデンティティ）を共有することに価値をおく点である。その個性とは，人種，民族，宗教，文化，職業，所得，社会階層などを基盤とした同質的特性である。3 つ目は，私有地でありながら，共通基盤として共有性，共用性，公共性を守り，維持・管理する点である。第 4 は，住民間の相互交流や相互支援などを通して，つねにコミュニティ意識を維持し高め，自発的に行動する点である。5 番目は，HOA や CC&R などの組織や規定・規制を遵守し，持続的安定をはかろうとする点である。ラドバーンのコミュニティは，これらの特徴をほぼ満たしているといってよいであろう。

2）ラドバーン協会の現状と特徴

ラドバーン協会（The Radburn Association: 以下 RA と略称）は，上述のような背景や狙いがあって設立された，CID の住宅購入者および居住者による自治管理組織である。HOA であり RCAs でもある RA の組織は，理事長以下９名の理事（当初は CHC から選出，今日では住宅所有者から選出）および３名（そのうち１名が常駐の事務職員）の幹事から構成される。RA 理事会は，CHC より起草された証書規制である CC&R によって権限が付与され，私的政府としてすべての居住者（一部借家人）を統治する。RA の規定は，開発終了時の 1929 年３月から施行され，これがフェアローン市の自治権限（1945 年獲得）とは別個の独自の権限を保有しており，市の都市計画や建築行政などに少なからず影響を与えた。

すべての居住者は，自らの財産（敷地面積や家屋等）の大きさから算出される固定資産税に応じて，固定資産税の２分の１相当額を管理費（共益費ともコミュニティ基金ともいう）として納付する。ただし，不動産価値が社会的に高まり，一般的に固定資産税が上がったとしても，RA 内の固定資産税は現状を維持するようにしている。今日の年会費は日本円で１戸当たり平均 20 万円程度とみられる。

ラドバーンのコモンは，公園・緑地を中心に，すべて RA に帰属し，その維持・管理は住民自らがコミュニティ組織を形成し，自治管理する。また RA は，RA とは別に 18 歳以上のすべての居住者が参加し，居住者の意見や行動を反映させるために，また各種のコミュニティ活動，イベント，フォーラムなどを活発化させるために，市民協会（Citizens' Association）を創設している。

RA の CC&R は，RA が自発的にガイドライン（Guidelines of Architectural Control）を作成し，住民に告知し，遵守させる。その主要な条項（定義条項を除く）を列挙してみよう；

① RAの目的・役割
② 建築委員会（The Committee on Architecture）の設置……建築制限，ホームビルダーの指導等
③ 建築（Construction）の許可……行政の許可との関係等
④ 付託および再審の申請手続き……異議申立ての権利（訴訟の提起，訴訟への対応等）
⑤ 建築および最終許可……建築許可のための最終手続き等
⑥ 増築部分および改変の基準……増改築の仕様（設計，デザイン，形態，設備，材料等）
⑦ 外部の色彩および装備……外装の色や縁取り等
⑧ 付属構築物および建築物周辺物の制限……標識・案内板・看板の設置，駐車場の設置，樹木の位置と移動，門・垣根の位置と様式，造（庭）園・菜園・温室の制限，外部空調機・暖房機の設置等
⑨ 新しい住宅開発および住宅再開発
⑩ 非住宅建築物およびその構築物の基準……まち並み景観，環境保全等

こうした規制を居住者が遵守することによって，ラドバーンの住宅団地全体の調和が保たれ，建築環境や景観が保全され，居住者に健康，安全，福祉，建築美，そしてアメニティが最大限提供される。

ラドバーンの住宅購入者および居住者は，上述のCIDの住宅購入者および居住者の特徴と類似しているとはいえ，当初は30歳代～40歳代の高学歴・高所得（当時の年収50,000ドル以上の中流階級）の人びとが多数を占め，小学校以下の子育て家族が多かった。RAは，こうした居住者に対して，住み替え（平均6年）を認め，ライフスタイルの多様化や向上を奨励するが，転売し，引っ越す場合は，新入居者に引継ぎ制度を徹底させる。そして個々の土地や建物を互いに賃貸借してはならないとしている。

ところで，見方を変えると，ラドバーン方式の住宅団地開発は，防犯の点で難点があり[27]，街路の活力を台無しにするという指摘がある[28]。前者の点では，確かに，開発当初はオープン・スペースなどに若者が集まり，溜まり場になっていた時期はあったが，犯罪事件というほどのものはなかったという。今日では，防犯対策として，監視の機会の拡大，ハードとソフトの両面からのコミュニティの充実によるフェイス・トゥ・フェイスの緊密な関係づくり，犯罪を防ぐ意識・意欲を高める教育の徹底などをはかっている[29]。後者の点では，モータリゼーションのなかでの歩行者優先道路が今日ほど重視されることを考えると，ラドバーン方式は，むしろ先見の明があったといえよう。

なお，ラドバーンは，1974年に国とニュージャージー州から歴史的場所（Historical Places）として公認され，2005年には国から歴史的ランドマーク（National Historic Landmarks）として指定された。これらは，ラドバーンが，アメリカにおける画期的な都市デザイン，歩行者優先の道路形態，美しいまち並みと景観，そして行き届いたコミュニティ組織を実現し，調和させ，それを持続させていることへの評価であろう。

5. 緑園都市コミュニティ形成の現状と今後の課題

RCAがRAと姉妹住宅地提携を締結し，RAのコミュニティ・センター内に「緑園都市委員会」の設置を確保し，国際的に交流するまでに至ったことは，RCAの貢献であり，ひいては日本のコミュニティ形成への貢献ともいえる。しかし，両者を，発足の背景や狙い，コミュニティの組織形成，および自治の管理・運営方法などの点から比較すると，そのギャップの大きさが浮彫りにされる。

まず，住宅地を開発するまでの背景が異なる。RCAの組織を促進した相鉄の開発方式は土地区画整理事業方式であり，整理後の土地には地主の土地や家屋が散在しており，これらの相鉄の買上げは容易でなかった。これに対してRAを生んだCHCは，開発用地の全面買収をもとに，当初から開発コンセプトと固有なコミュニティ形成を販売戦略の一環として住宅団地を開発した。つまり，前者の土地区画整理事業による開発の限界が，その後のコミュニティ形成に大きく影響したということである。

つぎに，相鉄が住宅地や分譲住宅を販売する際にRCAを発足させ，購入者に販売条件としてRCAに加入することを義務づけたが，結果的には居住者全員を加入させるまでに至らなかった。しかも，本来ならばRAのCC&Rに匹敵する「緑園のまちづくり」の制約条件が，地方自治体の肩代わりとしての公権力を発揮することができず，「紳士協定」ゆえに，むしろ今日では崩れつつある。というのは，相鉄の当初の販売契約条件に不備があったと思われるが，土地区画整理後の地主が自己の所有地や建物を相鉄以外の他の不動産業者に売却するために，再販売後の新しい住宅購入者や入居者にこの制約を遵守させることが困難になってきているからである。したがって，RCAの目的である前述（112・113頁）の①〜③を徹底させるに至っていない。

第3に，両者の土地利用で大きく異なる点は，RAが開発された面積のうちの15.4％を公園・緑地として管理・運営しているのに対して，RCAの対象地域内のその割合がわずか4.4％である点である。しかもRAのそれはコモンとして共有されているのに対して，RCA内のそれは従来通りの自治体の管理・運営に依存している。

第4に，新しいコミュニティ形成については，RCAの場合は，徐々に入居してくる住民に対してその都度説明して加入者を増やしていったのに対して，RAのコミュニティ形成では，入居者は，すでに入居前に目標となるコミュニティ建設の理想を周知しており，これに同意する形で入居し，当初からコミュニティ組織に組み込まれることを誇りとしていた。これに対して，RCAの加入者は，RCAが住民主体の自治組織であることをあまり認識しておらず，RAの居住者の自発性・積極性に対して，コミュニティへの参加・活動および管理・運営の意識が不足している。このことは，RCAと地方自治体の末端的行政機能を担う自治会との識別が明確でなく，住民の意識と行動が自治体依存型に慣れきっているためでもある。加えて，こうした意識と行動には，地域内の北部と南部という地域的隔たり，戸建住宅と集合（高層）住宅という住宅形態からの隔たり，さらにこれらの居住者間の交流・対話，情報交換，融和・連帯という心理的な隔たりもなお存在している。

2006 年５月に RCA と自治会連合会との合同総会がはじめて開催されたが，両者の一体化はまさにこれからである。とはいえ，緑園都市開発地域周辺の各地域のコミュニティ形成の状況をみると，明らかに地域差があり，RCA の活動の存在意義と価値は充分に認められる。

こうした状況のなかで，緑園都市のコミュニティ形成には，なお多くの課題が残されている。これからの課題を指摘すれば，以下のようなものがあげられる。

① 「緑園のまちづくり」をあらゆる手段を講じてでも規制・条例化に近づけ，今後，土地・建物を利得目的で転売することなどを抑制する。とくに，旧地主に対するまちづくり意識への転換をはかる。

② やむを得ない場合を除き，不動産売買に関して，相鉄以外の他の不動産業者を介入させない。

③ 持続可能なコミュニティを形成するために，「緑園のまちづくり」規定を次世代まで遵守させる。

④ 居住年数を重ねるほどコミュニティ活動離れが起こる傾向があり，各自治会，RCA の各種委員会・サークル，東西両小学校などのタテ・ヨコのつながりを密にする工夫を住民自らが案出し，実行して，住民相互でコミュニティ離れを防止する。

⑤ 会費月 140 円の割安・割高の議論に加えて，会費分の還元が目にみえるように，住民の自発的な発言と行動を奨励し促進する。

⑥ 住民は，地域自治に関して，行政に「親方日の丸」的に依存するのではなく，危機意識や防衛意識および美意識をもって，その責任を地域自治

に反映させる。

⑦ セキュリティの機械化やシステム管理が行き届いているからといって，組織任せにせず，住民一人ひとりが日頃の顔合わせや対話を通して，互助的防衛ヒューマン・ネットワークを構築する。

⑧ 当初のモータリゼーション対応の道路形態を，一層歩行者優先のコミュニティ道路へと再整備し，人と人とがふれあい，交流し，対話ができるような道路形態にする。

⑨ 高齢化社会への対応として，坂の多い道路，高い擁壁の家屋などについて，バリアフリーの視点で再考し，再整備をはかる。

⑩ 先行的にコミュニティ介護システムを確立し，地域に根付かせる。

⑪ 戸建・集合住宅の住居形態と機能を，コミュニティ全体のライフスタイルの変化や世代交代に対応して，住み替えやリフォームなどをコミュニティ内で段階的に交換・流動化できるシステムを構築する。

⑫ まち機能を単に居住機能だけ（ベッドタウン化）にとどめることなく，多機能性をもたせる。たとえば，緑園都市駅周辺に職場機能，娯楽・余暇機能をもたせる。

⑬ 駅前商店街と都市計画道路のサンモール商店街に連続性と一体感をもたせ，活気あるまち並みにする。

⑭ 既存公園の改善とネットワーク化をはかり，シンボル化・ランドマーク化するとともに，可能な限り緑地空間の増大をはかる。なお，地域全体の緑地環境および住環境を維持するため，現行の建ぺい率60%：容積率80%（当初40%：60%）を将来も維持する。

⑮ 良好な景観を維持・促進するために，電柱・電線類の地中化をできるだけ全域に拡大する。

⑯ RCAの理事会・管理スタッフはもちろんのこと，コミュニティ形成のために若い実行リーダーを育成し，ジェネレーション・ギャップのない組織体制を構築する。

さて，以上の考察を踏まえて，改めて日本型都市計画・開発のあり方（モデル）を考えてみると，まず概念的には以下のことが指摘できるであろう。

第１は，急速かつ複雑に変化する時代や社会，量より質に価値をおく時代や社会，多様なライフスタイルを選択する時代や社会，および持続可能なコミュニティの形成を期待する時代や社会に対応する都市計画・開発のモデルは，従来の大規模な拡大路線型計画・開発から中小規模な凝縮路線型計画・開発へ移行することである。

第２は，量より質への転換を具体的に言えば，消費・廃棄型から再生・循環型へ，歴史的・文化的建造物，遺産および景観の破壊からこれらの保全・保護・保存へ，無機質な地域・空間環境からアメニティのある地域・空間環境へというように，フロー（スクラップ＆ビルト）重視の都市計画・開発からストック重視の都市計画・開発への転換である。

第３は，産業・生産・供給優先から生活・福祉・需要優先へ，人口増加・男性・成人中心から人口減少・女性・子供・高齢者中心へと視点を変えた，自動車道路優先型都市計画・開発から歩行者道路・コミュニティ道路優先型都市計画・開発への切り替えである。

第４は，一極型・同質型都市計画・開発から多極型・異質型都市計画・開発への変換である。なぜなら，これからの計画・開発は他律・依存的なものであってはならず，自律・自立的なものでなければ，急速かつ複雑に変化する時代や社会に対応し得ないからである。生活者の複雑なライフステージの進展とスローライフ志向，自立的地域経済と地域の個性の確立，コミュニティ・ビジネスの発展，地産地消型流通，エネルギー・資源の自給化，自然と人間との共生，情報の共有などを十分に満たす都市計画・開発への変換である。

第５は，個への配慮（エゴや封鎖的私有権保護等）重視の都市計画・開発から地域・社会への配慮重視の都市計画・開発への転換である。たとえば，個の庭優先から街路樹・まち並み景観優先へ，プライベート・スペースの重視からパブリック（コモン）・スペースの重視へ，健常者中心の都市計画・開発からバリアフリー，ノーマライゼイションに配慮した都市計画・開発へ，単なる個の集合重視からコミュニティ組織重視を実現する都市計画・開発への転換である。

最後は，都心 vs 郊外，既成市街地 vs ニュータウン[30] および都市 vs 農村計画・開発からこれらの連繋・融合への計画・開発である。言い換えれば，従来のこれらの分離・分断型都市計画・開発からフュージョン・ネットワーク型都市計画・開発への移行である。都市のなかの農業・緑地，農村のなかの都市機能や施設，いわゆるハワードの田園都市型都市計画・開発である。

以上の概念的都市・計画のあり方（モデル）を極力実現させるために，つぎのような事項が再考される必要があろう。1つは，ここで考察したRCAのような住民組織が，ラドバーンのように計画・開発される以前に約束されるような都市計画・開発方式を考案することである。これは，国策として打ち出される必要があろう。2つ目は，地方行政が都市計画・開発後に，いままで行政の末端的事務処理を任せていた自治会とは別に，場合によっては地方行政から独立して，RCA あるいは RA の私的政府のような住民組織に，地域自治管理や地域経営（まちづくり）を任せる体制を整えることである。これからの地方自治体は，地方分権や地域主権を実現するためにも，こうした草の根の住民組織づくりを奨励し促進することが求められよう。3つ目は，都市計画・開発の真の目的は，造成地と計画道路をもとに住宅や諸施設を建設することだけでなく，開発後に住む居住者らの安全・安心・生き甲斐・誇りを満たすことである。言い換えれば，開発整備後の入居者によるコミュニティ形成が円滑に管理・運営されるための基盤づくりである。したがって，開発地域を選択した住宅購入者や居住者は，単に購入するだけの住民であってはならず，コミュニティ形成の積極的な担い手とならなければならない。4つ目は，緑園都市開発の相鉄やラドバーン開発の CHC を思い起こすまでもなく，こうした都市計画・開発のモデルの実現には，国（とくに国土交通省）・地方自治体・住宅購入者・居住者はもちろんのこと，それにも増して，土地所有者（地主），不動産ディベロパー，アーバン・プランナー，建築家・デザイナーらの計画・開発に関する従来の理念，発想，意識，価値観，世界観，および技術を再考し，その実践手法を再構築することである。加えて，これからの担い手の教育やリーダーの育成も強化されなければならないであろう。５つ目は，こうした理想的な都市計画・開発モデルを実現するためには，既存のあらゆる関連法を抜本的に改正することが不可欠となる。その際，従来のように全国画一を前提とする法改正ではなく，地方自治体や地域の特性が活かされる法改正が求められるのである。

謝辞：　本論文を作成するにあたり，文中の写真や地図およびその他の資料や情報の提供で，RCA 事務局長の秋山　紘氏，RCA 副理事長の上島義博氏，相鉄不動産㈱常務取締役の鹿島康之氏らをはじめ，研究会のメンバーなど，多くの方々から惜しみないご協力をいただいた。末筆ながら，心から謝意を表したい。

なお，RCA は平成 19 年４月１日で発足して満 20 年になる。これを記念して 20 周年記念事業が盛大に行われる予定である。本論文は取るに足りない拙いものであるが，これを 20 周年記念のお祝いとして，また今後の RCA のさらなる発展を祈り，ささやかな応援のしるしとして贈呈したい。

【参考文献】

1）内務省地方局有志編纂『田園都市』博文館　1907. pp. 1-26.
2）東　秀紀『漱石の倫敦，ハワードのロンドン』中央公論社　1991. pp. 174-183.
3）山口　廣編『郊外住宅地の系譜』鹿島出版会　1987. pp. 6-42.
4）鹿島泰之「緑園都市」宅地開発　1994-7. 8. pp. 30-36.
5）宮脇　檀建築研究室「相模鉄道緑園都市街づくり計画」アテネ社　1987.
6）中川第一土地区画整理組合「土地区画整理事業のあゆみ」大日本印刷　1987.
7）島田陽介「アメリカの都市･コミュニティ･生活のしくみと特徴――日本との違い」『アメリカ　流通業の本』商業界　1982. pp. 40-43.
8）緑園都市コミュニティ協会「はじめよう　私たちのまちづくり」1993.
9）緑園連合自治会・緑園都市コミュニティ協会「緑園 10 年のあゆみ」1996.
10）緑園都市コミュニティ協会「緑園のまちづくり」1996.
11）秋山　紘「良好なコミュニティの醸成に向けて」住宅　2004-6. pp. 58-63.

12）野村総合研究所『「緑えんネット」物語』野村総合研究所　広報部　2001.
13）相模鉄道「街と人　生活創造・緑園都市」1991. pp.8-13.
14）横浜国立大学工学部建設学科都市計画研究室「居住環境に関するアンケート」1995.
15）RADBURN ASSOCIATION 'RADBURN BULLETIN' FEBRUARY 25, 1993.
16）秋山　紘「日本型 HOA（Home Owners Association）を目指して――緑園都市（神奈川県横浜市）の実験」家とまちなみ　2003-9. pp. 20-25.
17）PPC 横浜大会特別研修「ラドバーンと緑園都市」不動産カウンセラー　1994-9. pp. 18-21.
18）齋藤広子・西戸啓陽「戸建て住宅地における HOA に対する居住者の評価」2001.
19）Spiro Kostof 'The City Shaped ― Urban Patterns and Meanings Through History ―' Thames and Hudson Ltd., London 1991. pp. 79-80.
20）Sim Van der Ryn and Peter Calthorpe "Sustainable Communities ― A New Design Synsthesis for Cities, Suburbs, and Towns ―" Sierra Club Books, 1986. pp. 223-226.
21）Lewis Mumford, Hon. AIA 'A Modest Man's Enduring Contributions to Urban and Regional Planning' AIA Journal, December 1976. pp. 19-29.
22）戸谷英世・成瀬大治『アメリカの住宅地開発』学芸出版社　1999. pp. 94-97.
23）川村健一・小門裕幸『サステイナブル・コミュニティ――持続可能な都市のあり方を求めて』学芸出版社　1995. pp. 21-22.
24）Frank S. So eds. Municipal Management Series: "The Practice of Local Government Planning" International City Management Association, 1988. pp. 180-181.
25）日笠　端『都市計画　第２版』共立出版　1986. p. 40.
26）Evan McKenzie "Privatopia ― Homeowner Associations and the Rise of Residential Private Government ―" Yale University Press, 1994. pp. 29-31, 45-51. エヴァン・マッケンジー著　竹井隆人・梶浦恒男訳『プライベートピア――集合住宅による私的政府の誕生――』世界思想社　2003. pp. 53-55, 76-85.
27）松永安光『まちづくりの新潮流――コンパクトシティ／ニューアーバニズム／アーバンビレッジ――』彰国社　2005. pp. 25-26.
28）ピーター・カルソープ著　倉田直道・倉田洋子訳『次世代のアメリカの都市づくり――ニューアーバニズムの手法』学芸出版社　2004. p. 54.
29）エドワード・J・ブレークリー＆メーリー・ゲイル・スナイダー著　竹井隆人訳『ゲーテッド・コミュニティ――米国の要塞都市』2004. pp. 143-147, 190-195.
30）黒田彰三「アメリカの田園都市ラドバーン訪問記」専修大学社会科学研究所月報　2004-5. pp. 1-13.

■第Ⅲ編■

近代都市空間の構築

Chapter 5

A Comparative Study of the Establishment of the Green Belt in London and Tokyo

Marco Amati

1. Introduction

Planners have been engaged in the development of strategies for controlling and shaping urban growth for much of the 20th century. Many cities internationally have designated an area of land around the main urban area to control urban growth. The policy that derives this strategy is commonly known as a green belt.

Planners first successfully attempted green belts around London and other British cities before the Second World War. After the War, green belts became an important part of UK government policy through the publication of Patrick Abercrombie's *County of London Plan 1943* and the *Greater London Plan 1944*. These works, combined with British planners' enthusiasm for preserving the countryside and the long-standing association of the green belts with pre-war planners such as Raymond Unwin and Ebenezer Howard, have caused the green belt to become one of the longest-standing planning policies in the UK. The apparent simplicity of the green belt as well its effectiveness at preventing development in the UK have caused it to be emulated by the planners in other large cities around the world.

The international implementation of the green belt however, met with a mixed reception because the context of its implementation in other countries was so different to that of the UK's. The green belt around some cities 'failed' and was quickly overrun by development, providing a good example of Pressman and Wildavsky's (1984) 'implementation gap' in which carefully worked out plans and policies fail to be actualised due to a lack of resources, the inter-play of power relations or other contingencies where agreement may be fleeting or incomplete. In other cities green belts held firm for a number of years, or even decades, before being effectively abolished by a change in central government legislation or even a shift in public attitudes towards urban growth and green spaces.

In his influential paper, Wildavsky argued that 'we must distinguish··· between attempts to plan and actual success in planning' (1973: 129). An underlying motive of this chapter is to take a detailed and historical approach to the 'successful' implementation of the green belt by comparing the 'success' and a 'failure' of the green belt in two different cities.

Taking this general context as its cue this chapter examines the reasons for the 'success' of the pre-war London green belt with that of the 'failed' Tokyo greenbelt. Overall I aim to highlight how the UK planning's 'success' and Japan's planning 'failure' were both dependant on the role of landowners and their reciprocal and reflexive relations and responsibilities towards the state. By comparing these cases I hope to show that the words 'success' and 'failure' in the case of the green belt are misplaced, notwithstanding that Japan's planning system can count a number of notable achievements such as public transport development and city centre redevelopment (Ishida, 1991).

This study is intended to highlight the role of the landowners so as to break-free from the dualistic discourse of 'success' versus 'failure' in planning. I acknowledge that the implementation of the green belt in both cases was also dependant on a number of structural factors such as different urban growth pressures and availability of land, about which a large amount of literature already exists (e.g. Hanayama, 1986). In this chapter, however, I wish to highlight the role of citizenship in the implementation of the green belt. Up until now, the discourse of 'success' and 'failure' has meant that the history of the green belt has been told in terms of a few heroic individuals. This has ignored the involvement of ordinary citizens' private and collective rights in preventing or permitting the implementation of the green belt.

In the following, I first explore the notion of citizenship and its relation to land and planning in post-war Japan and pre-war UK. I then highlight the role of landowners and government departments in permitting or preventing the green belt's implementation around Tokyo and London. I conclude by arguing overall that the implementation of the green belt cannot be properly understood without reference to a notion of citizenship.

2. Citizenship, Land and Planning

Citizenship involves the reflexive relations between the individual and the state. Citizenship confers upon individuals certain rights and responsibilities it also provides individuals with a guarantee from the state that those rights will be recognized. Both formal and informal rights and responsibilities can be different under different policy and judicial environments, furthermore citizenship can include individual or collective rights and responsibilities (Whatmore, 2003; Parker, 2002; Blomley, 1994). Such rights distributions also shape the political aspirations and attitudes of populations that in turn represent constraining and facilitating possibilities for public policy. The maintenance and definition of appropriate rights distributions is inherently a difficult balance that is largely determined by political culture, some states place more emphasis on individual rights than others.

The implementation of the green belt is a notable case, with planning systems and policies emerging within particular conditions of possibility that are shaped by both historical and emergent factors (Kwa, 2002; Byrne, 1998). The implementation of a green belt means inevitably the infringement of an individual's right to develop land. In contradistinction to this, the preservation of land confers an advantage in access to green spaces, as well as a right to enjoy them aesthetically, on adjacent landowners in particular. The importance that is ascribed to either of these rights is dependant on the historical and political context that has shaped planning systems.

While there are always rights trade-offs made as part of a generalised social contract the consideration for personal rights and responsibilities is a key consideration for democratic government. Indeed all legislative policies and judicial decisions impact on citizenship in some way (Van Gunsteren, 1994).

3. Comparing Urban Growth and Landownership in Pre-War London and Post-War Tokyo

It is possible to compare both pre-war London and post-war Tokyo because land was being subjected to similar pressures in both cases. Firstly, both London during the period 1914 to 1927 and Tokyo between 1941 and 1949 underwent dramatic shifts in the structure of ownership. Around London, because of a decline in agriculture from 1880, rising tax and death duties, and the death of heirs after the First World War, large farming estates were sold and broken up during the 1920s and 30s. This increased the fragmentation of land ownership. In 1914 owners occupied 10% of agricultural land in England and Wales. In 1927 this figure had risen to 37% (King, 1984).

Around Tokyo a similar shift had occurred for different reasons. The Allied sponsored Land Reform Bill (1946) had aimed to dramatically reduce the amount of tenanted land and increase the amount of owner-occupied land. Between 1941 and 1950 the percentage of tenanted upland dropped from 37.2% to 8.5% and the percentage of tenanted rice land had dropped from 53.1% to 10.9%. The land reform also brought about significant changes in society. In 1941, peasant proprietors only consisted of 28% of all farm households, by 1949 this number had leapt to 55% (Dore, 1959: 147; Babb, 2005: 175; Hayes, 2004; Amati and Parker 2007).

The amount of land broken-up under the reforms (around 33% of the national total of farmland) is similar to the amount of land that was bought and sold in the UK during the inter-war period (amounting to 27% over a 10 year period). However, the significant effect in Japan was that all the leased-out land of cultivating landlords above 1 cho (approximately 1 hectare) was bought by the government and resold to tenants. Furthermore, all owner-cultivated land above 3 cho was bought and redistributed. This set an upper limit on the amount of land any one farmer could hold. Therefore the land ownership structure was passed through a sieve that effectively ensured the creation of a large number of small landowners owning small plots of land which were on average between 0.7 and 1.2ha (McDonald, 1997: 60).

At the same time, both cities were experiencing unprecedented urban growth, although in Japan's case the demand for housing land after WWII was much stronger. The area under urban land use in England and Wales increased from 6.7% to 8.0% between 1931 and 1939 a rate not seen before then or since (King, 1984: 156-192). Between 1918 and 1939 the area of London doubled but its population increased by less than a fifth.

Japan's urban growth has been well documented and it was to undergo one of the most speedy rises in urban growth during the 20th century. For example, in 1920 only 18% of the Japanese population lived in cities yet by 1995 this had risen to 78%. Sorensen (2002: 172) notes that the general population also increased in this period, resulting in a total urban population increase of 95 million between 1920 and 1993.

4. Comparing the Development of Citizenship in Japan and the UK

Despite the superficial similarities that both cities have in terms of changes to landownership and urban growth, the outcomes in terms of green belt implementation were very different. The following provides a reason for this difference in terms of the development of citizenship in both countries.

The development of citizenship and civil rights in late nineteenth century Japan were partly influenced by the need to create a legal framework that would secure Japan against the western powers while developing appropriate conditions for a modern state (Ikegami, 1996: 220).

The new political and economic system was formalised through the Meiji constitution (1889) which also recognised rights to private property. By 1925 the emerging modern Japanese state, including the early planning projects, were controlled and enforced by the controlling right-wing militarists. This period set up certain conditions that substantially shaped the operation of land use regulation as well as the development of citizenship and civil society relations in Japan.

By far the most significant impact on citizenship, however, was the post-war reform of the constitution, which took effect from 3rd May 1947. Article 29 reads: 'The right to own or hold property is inviolable, but property rights shall be defined by law, in conformity with the public welfare. Private property may be taken for public use upon just compensation therefor'. However such sentiments were not entirely new since the clause resembles the 1889 constitution of whose article 27 states that: 'The right of property of every Japanese subject shall remain inviolate. Measures necessary to be taken for the public benefit shall be provided for by law.' The final sentence of article 29 is a significant addition to the earlier clause.

Tsuru (1993) notes that the wording of article 29 in the 1947 constitution was amended on the insistence of Shigeru Yoshida. This text was included in later drafts instead of a rather weaker version as first penned by the 'unofficial' (Supreme Commander for the Allied Powers) SCAP drafters (Dower, 1999: 67; 364). This draft had stated that owning property also carried obligations along with rights and that the 'ultimate fee to the land and to all natural resources reposes in the State as the collective representative of the people. Land and other natural resources are subject to the right of the State upon just compensation therefore, for the purpose of securing and promoting the conservation, development, utilization and control thereof' (Tsuru, 1993: 27). The idea of securing 'just compensation' has historical antecedents that may have influenced SCAP's drafters. For example, article 153 of the Weimar constitution (1919-1933) includes a provision that expropriation of property can only occur if appropriate compensation is awarded. It also decrees that owning property carried obligations and recent and ongoing land reforms in Germany and Korea were referred to as exemplars in the discussions taking place at the time.

In Japan's case, therefore landownership rights were being strengthened almost at the same time as the attempt to implement the green belt. In the UK, by contrast, the implementation of the green belt came following a long history of eroding landownership rights. As Booth (2003) notes, in the 17th century, landowners had begun to lease their land for development, while demanding that the developments would incorporate public amenities. This shift caused the development of London's famous squares such as Russell Square. It was industrialization, however, that brought about the most important erosion of landownership rights (Sutcliffe, 1981:4). It became clear that market mechanisms simply could not provide the facilities to make urban life sustainable. Thoroughfares and drainage channels had to be provided for, the negative externalities associated with noxious or dangerous industries had to be contained or accommodated and housing for workers had to be of a minimum standard. These were all forces that caused an increase in the amount of public intervention in landownership rights, beginning with the improvement commissions in the mid-19th century and gradually spreading so that the responsibility of public authorities began to extend well beyond roads and sewers.

During the early 20th century the erosion of landownership rights through public intervention picked up pace particularly with the town planning movement. As Crow (1996) notes, the adoption of town planning schemes after 1919 gave rise to the need to control development in the interim, before a scheme became fully operational. Furthermore, a tradition existed in the UK separating and distributing ownership rights as 'bundle' (Goodchild and Munton, 1985: 10-12). This had developed through the use of leasehold arrangements as well as the buying and selling of animal grazing rights among others.

Overall therefore, the UK's landownership had been slowly but significantly shifting for more than 200 years before the implementation of the green belt scheme. Just prior to the green belt however, countryside citizenship had began to be expressed in a new way. A rising standard of living, a shorter working week and improved transport, resulted in new pressures on the countryside during the 1920s and 30s. Pressure came from the middle and working classes to access the countryside for holidays, rambling and other leisure pursuits. The idealisation of the countryside and the view that the preservation of such a large area of open space was in the public interest were linked to the idealisation of the countryside by the 19th century romantic movement. (Matless, 1998, Marsden, et al. 1993: 78). In response to this new demand for rural leisure outlying municipalities around London had been active in buying land for preservation. The Ministry of Health between 1930 and 1934 had been giving loans to allow councils to buy 1,465ha of land (The National Archives HLG 52/1217).

In addition to landownership, it should be noted that the history of green belt implementation in the UK and in the colonies had been a long one. Ebenezer Howard whose richly illustrated book *Tomorrow: a peaceful path to real reform* included a green belt as a part of the Garden City (Howard, 1898 [2003])[1]. Howard's book furthered the idea that a city should have a natural limit. In this, he was following the ideas of Edward Gibbon Wakefield (1796-1862) who had promulgated 'town-belts' in South Australia and New Zealand (Howard, 1898 [2003]: 131) these had found physical expression in Colonel William Light's celebrated plan for Adelaide.

A number of proposals followed Howard's idea. Lord Meath, the first Chairman of the London County Council's Parks and Open Spaces Committee and William Bull, a Member of Parliament, both proposed 'green girdles' around London in 1901 (Thomas, 1970: 47). The London Society proposed a green belt for agriculture which could be paid for through agricultural rents in 1921 (Niven, 1921). The town planning movement had also given rise to nascent regional planning councils such as the Joint Town Planning Committees (JTPCs) (TNA HLG 4/3764) of which the largest was the Greater London Regional Planning Committee.

5. Tokyo's Agricultural Green Belt 1927-1965

The attempt to plan a green belt around Tokyo began in the 1920s, but implementation did not begin until strong laws for air defence were

---

1 Howard's book was first published in 1898 and a facsimile was re-published in 2003 with a commentary.

enacted just prior to WWII. Although this severely infringed landowners' constitutional rights under the Meiji constitution it allowed the preservation of a large area of green spaces around Tokyo. However it was in the immediate post-war period, when Article 3 of the 1946 Special City Planning Act represented the first attempt to create a system for preserving regional green spaces in Japan. The Act was influenced by the 1939 Green Space plan and zoned large areas of land for green spaces, residential and industrial areas but without granting any of the necessary powers to guide development or enforce standards (Sorensen, 2002: 158). The 1946 Act left development largely at the discretion of the landowners and permitted a number of developments in the green belt (e.g. shrines and hospitals), this situation allowed the areas to quickly turn into a low-density suburbs as owners began to ignore the restrictions.

The deliberations of the city's regional planning committee demonstrate that inside Tokyo's 23 wards, the problems of planning the green belt were compounded by pressure from other powerful groups. The regional planning committee was set-up in January 1947 and met for one year and 3 months in order to designate green belt land. Takamizawa (1996) provides a review of works on the history of the Tokyo green belt. The green belt and its main proponent, the committee's chief planner Hideaki Ishikawa, were staunchly opposed by members of the committee from areas that fell into the green belt. In addition, the committee had to contend with a group composed of mainly large landowners that did not wish to relinquish control of their land because they were developing through land re-adjustment schemes. The committee was also pressured by a group composed of smallholders and other landowners who wanted to have their land released for development and were actively pursuing their aims through agricultural associations which had support through the liberal party.

As well as suffering from weak regulatory power, the green belt also failed to attract support from other sections of the government. For example, despite the green belt's aim of conserving agricultural land, it was excluded from the Agriculture Ministry's plans to promote agriculture. Similarly, the green belt was not mentioned in the plans to prevent war and disaster damage in Tokyo and 10 other cities at a similar time. Finally, and fundamentally, the restrictions that the green belt imposed were a reminder of the seemingly arbitrary restrictions imposed on landowners by the military government in the 1937 Air Defence Law. In this sense any demand that planners made to strengthen the law would have fallen foul of the Allied Occupation's aims to purge the government of the pre-war systems of government and smacked of the authoritarianism of the 1930s.

As a result of the weakness of the Act the green belt's area was *reduced* from 14,015.7ha to 9,870.8ha, between 1948 and 1955 (Ebato, 1987: 393). The 1946 Act was repealed in 1954 and with it the main bulwark to support regional green space planning. Though the regulations related to the Tokyo green belt were not actually repealed until the 1968 City Planning Law was passed, in practice the preserved areas had been extensively, if illegally, built upon well before this time. Miyamoto (1994) details the subsequent attempt to deal with the inadequacies of the previous green belt and implement a law to plan for development in a circle of 160 km circumference around Tokyo. The government established a 'Special committee on parks and green spaces' in March 1956 with Issei Iinuma as chief planner. The committee took as its inspiration Patrick Abercrombie's *Greater London Plan*, aiming to designate a series of belts around Tokyo, including one that would protect the most productive agricultural land from development, and enforce them through the 1958 National Capital Sphere Redevelopment Act (NCSRA). The committee's initial plan also laid down provisions for locating a series of New Towns around Tokyo separated from the main urban core by a green belt (Miyamoto, 1995).

However, this plan was never realized and Narito et al. (2000) note that the plan for the suburban belt did not provide any system for compensating landowners. As a result the suburban belt's restrictions on urban development met with fierce opposition from farmers and municipalities. The regional planning committee met three times before presenting its recommendation in June 1958 and during this time it was put under pressure from protesters. For example in December 1956 landowners from 16 areas in Tama district, west of Tokyo formed an association to oppose the creation of the suburban belt. Meeting in Hibiya park's open-air auditorium in the centre of Tokyo, they staged a number of demonstrations to gain publicity and prevent the suburban belt being put into place. Landowners in Koganei City also to the west of Tokyo defiantly ignored the green belt and developed as they pleased during the late 1950s. By June 1958 when the committee produced their recommendations to promulgate the National Capital Sphere Basic Act they introduced provisos which meant that the green belt was considerably 'softened': landowners near stations, railway lines and major roads would be allowed to convert their land to housing 'as appropriate'; land that was already being urbanised, including slum areas would be left out of the green belt and land designated for land readjustment as part of the land reform process was not to be included in the green belt 'as a general rule' (Miyamoto, 1995). The green belt was also broken up in several places by the construction of new railway lines such as the *Chuo sen* and the *Keihin tohoku sen*. In effect the green belt was fatally undermined, it became rapidly dotted with residential development and its name was pragmatically changed in 1965 to 'Suburban infrastructure belt'.

6. The Pre-War London Green Belt

In the case of London, archival research reveals that instead of opposing the implementation of the green belt, the landowners actively supported its implementation. In addition a substantial amount of aid for the scheme came from the London County Council.

In 1929, Raymond Unwin, Chief Planner of the Greater London Regional Planning Committee which represented 138 local authorities (Thomas, 1970: 52) published his first report. He proposed a 'green girdle' for the enjoyment of Londoners to compensate for the deficiency of open spaces. Unwin had been strongly influenced by a 1929 London County Council investigation that had shown the need for playing fields around London.

However, the implementation of Unwin's plan was prevented by a government financial crisis in 1931. Following this, the Greater London Regional Planning Committee failed to convince the Treasury and the Air and Army Ministries to pay for the green belt in 1934 (Amati and Yokohari, 2004). Overall, a lack of money to buy land for preservation was the main reason why none of the initial plans achieved their aim of surrounding London with a belt of open space.

7. The 1935 London County Council Green Belt Scheme

To overcome the problem of cost the London County Council announced a green belt loans scheme, on January 29th, 1935. The London County Council's scheme aimed to lend money to County Councils to purchase green belt land. The conditions for lending money within the scheme were as follow (TNA HLG 79/1074):

- Loans were available for up to 50% of the cost of purchase or legally 'sterilizing' the land.
- In total, £2 million was available over three years.

Under the 1935 scheme three levels of authority controlled the green belt purchases. The local Rural District Council or Urban District Council would first select and propose sites. The planners in the County

Council would vet or support sites according to whether they thought the London County Council would approve the site for inclusion in the green belt. The London County Council would finally choose from the proposed sites which one would receive a loan for the purchase. A period of negotiation would then ensue to decide the proportion of money to come from the District, County and London County Councils (Amati and Yokohari, 2004).

8. The Reasons Why Cost Continued to Restrict Land Purchases

Despite the London County Council loans scheme, cost continued to restrict land purchases. Land for the green belt came from two sources, either from private landowners or from Crown land whose sales were restricted to the highest bidder.

Both types of land purchases were potentially expensive for district councils. In general, landowners were motivated by profit and would either oppose development restrictions or expect compensation. When land was held by the Crown, laws existed to ensure that the land was sold to the highest bidder. The 1925 Settled Land Act and the Crown Lands Act (1927) both legislated that the Chief Commissioner of Crown Lands had to sell land to the highest bidder and that the ultimate proceeds would go to the Exchequer (TNA PRO CRES 35/668a). The highest bidder was unlikely to be a district council and more likely to be a developer. Crown land differed from 'public land' because it was considered a national asset. Any revenue generated from this land (e.g. from selling or farming) went to the Treasury to benefit the nation as a whole. The land was owned by a branch of the government's Crown Agents and managed by C. L. Stocks, the Chief Commissioner of the Crown Lands. Stocks was a member of the Council for the Preservation of Rural England, an amenity group set-up in 1926 to protect the countryside from sprawl. Stocks himself was enthusiastic about preserving the countryside and 'delighted at the thought of saving some of this land from jerry-builders' (TNA CRES 35/668b).

If the Crown Agents were to sell land to a local authority at a discount, no matter how worthy the cause, this would have represented a national subsidy to a local authority and would have set a precedent for other localities. In addition, giving land to local authorities would 'put large sums of money into the pockets of adjoining landowners... some of whom would be members of the local authority responsible for putting the suggestion to [the Crown Agents]...'. Stock's legal and moral responsibility was to deal with the local authorities as with any purchaser of land (TNA HLG 52/1217).

The sites owned by the Crown Agents ranged in the 1930s from Central London locations such as Trafalgar Square to Windsor Castle and other estates throughout the UK. They also owned several pieces of land on the outskirts of London.

The following describes how these restrictions were overcome. For private purchases I employ data from Surrey County Council archives. In 1930 Surrey was the richest county in the UK and was in the process of undergoing profound changes as a result of urbanisation. For example, the population rose from 845,578 people in 1911 to 1,180,878 in 1931 (40%) as a result of the construction of a new railway line and a growth in the number of commuters. Surrey was also a convenient destination for London-based holidaymakers and day-trippers (Sheail, 1981: 1-3). Surrey was chosen for the study because it suffered from high urbanisation pressures. Despite these pressures it successfully implemented the green belt policy by purchasing private land.

For Crown Land I focus on the purchase of land on two sites in the County of Essex. Although the proportion bought from the Crown was small in proportion to all that was bought for the green belt, the case of the Crown Lands demonstrates how some individuals in government departments that did not have official responsibility for town planning, were able to facilitate the green belt's establishment. Although the law should have restricted Stocks to sell to the highest bidder, he was able to sell land to Essex County Council for inclusion in the green belt.

9. Overcoming the Restrictions

9.1 Negotiation and Secrecy: A Focus on Private Land Purchases in Surrey

In 1931, parliament passed the Surrey Local Act in response to the urban growth pressures. Sections 70 and 71 allowed the Council to enter into agreements with landowners to allow the purchase of land for preservation. In May 1935 the Town Planning (Green Belt) Special Sub-Committee was formed to review and recommend sites for purchase in the green belt. The committee was chaired by Captain E. H. Tuckwell, its members were Sir Phillip Henriques and James Chuter-Ede, Vice-Chairman and Chairman of Surrey County Council respectively. The committee developed a number of strategies to purchase land under the green belt scheme. The following describes all of the strategies that were employed. Although some of these were employed in exceptional cases it is important to understand and report them because they show the extent to which the members of the Special Sub-Committee and district councils were prepared to devise strategies to implement the green belt. The following list of techniques used in negotiating purchases refers broadly to local authorities. These local authorities comprised planners County Councils and Urban or Rural District Councils.

Attaching covenants or agreements: Instead of a straight-forward purchase, the local authority could enter into a covenant with the landowner not to build on the land (Surrey History Center GBSC). Various conditions could be attached to such a covenant. For example allowing the landowner to live in a house on the land until death, at which point the land would be transferred to the local authority and become part of the green belt.

Transferring agricultural rights to the land: In an exceptional case, Richmond Borough Council proposed to have an Order issued by the Ministry of Agriculture and Fisheries to transfer Lammas rights (rights related to the agricultural use of the land) from one piece of land that the local authority was not interested in, to one that they planned to buy. As long as these rights to allow the grazing of animals were held the land could not be developed and the price was estimated to be reduced by £10,000.

Neighbouring contributions: Neighbouring landowners could be encouraged to contribute to the land's purchase as it was widely understood that such neighbors stood to gain from having the green belt nearby. The contribution could be as high as 16.7% of the total purchase price, as in the case of Ockham Common (Amati and Yokohari, 2004)

Early negotiations with sympathetic landowners: In the 1930s estates agents in Surrey regularly forwarded information about any piece of land that was for sale to the local authorities (SHC GBSC). Local authorities therefore had an early warning of which land was for sale. They could use this information to quickly enter into negotiations with the relevant landowners and make an offer to purchase land for preservation in the green belt. This may have enabled, Beddington and Wallington Urban District Council for example, to hear that builders had entered into negotiations with a landowner to purchase an Estate for £65,000 and erect 500 small houses on it. The local authority immediately negotiated with the landowner and was able to purchase the land for £57,500. Although this would seem like a large discount, it was not unusual for the time. A landowner, such as Sir Jeremiah Coleman for example, was said by his agent to have refused an offer of £500 an acre for his land. This land was eventually offered to the council for £250 an acre.

Secret bargaining: If an agreement could not be reached, the Council was permitted to employ a compulsory purchase order to force the landowner to sell the land. However to allow this, a public inquiry had to be held after which the Minister of Health would decide whether the purchase was permitted to go ahead (TNA HLG 54/175). As much as possible authorities avoided such a situation as it would involve a lengthy procedure and the publicity generated would raise the price of other potentially suitable areas of land. Instead they conducted what were known as 'secret bargains' with the landowner. Further details of this negotiation method have already been detailed by Amati and Yokohari (2004).

These data show that the members of the Special Sub-Committee employed various strategies to preserve as much land as possible. However, none of these strategies would have succeeded had landowners not been willing to participate in the Committee's bargaining.

9.2 Purchasing Crown Land in the Green Belt

With the case of a Crown land purchase the landowner did not have the flexibility to offer land at a discount. C. L. Stocks was involved in the sale of two pieces of land for open space between 1934 and 1936. The land was described as a belt of land, to the east of London in Essex measuring 1.6 km in width and 9.7 km in length covering 1400 ha and connecting Hainault and Epping forests.

The land itself was flat and ideal for development. Its use was largely agricultural and it was adjacent to the London North-Eastern Railway line and the projected extension of the new Central underground line. The land was sold by the Chief Commissioners in two sections. 380 ha known as Fairlop were sold in early 1935 for an aerodrome. 93 ha of land known as Hainault Forest were sold for the green belt in 1936-1937. I examine below how the purchases of Hainault took place.

9.3 Purchasing Hainault: The Crown Lands versus Private Developers

Although the preservation of Fairlop Plain as an aerodrome which was 'mostly green grass and therefore far preferable to houses' had been dealt with to the satisfaction of Stocks, the adjacent site, Hainault, soon came under pressure for urbanisation in early 1936. The action of Stocks and the role of the press and public opinion were instrumental in saving this land for open space. The existence of the London County Council green belt scheme provided additional support for the arguments for preserving the land.

Firstly, news that the land would be sold to developers reached the newspapers. A number of articles appeared which highlighted the paradox that the Crown Agents were making a profit at the expense of local amenities. Secondly, Stocks was also pressured by a letter in 'The Times' signed by F. J. Osborn among others, about the danger of losing a green belt town, and a letter in Country Life ('Ugliness Pays') in July 1937. Stocks responded by taking pains to answer these letters and to restore relations with amenity groups. For example, in response to an enquiry from the secretary of the Metropolitan Gardens Association who had read the correspondence in 'The Times', the Chief Commissioner wearily noted: 'I saw her and explained that we are virtuous people. She was pleased'. (TNA CRES 35/668c).

In aiming to preserve the openness of the land but to return a profit from it, Stocks was willing to consider other uses for Hainault, such as golf or aviation. He explained that 'only green-belting could preserve the area for aviation in future and that we must have immediate revenue'.

When the London County Council only proposed to offer a loan of 30% for purchasing the land, Essex was unwilling to contribute the rest because of the expense. The local newspaper reported that as 'far as Essex County Council is concerned, it would seem the preservation scheme is as good as dead.' Stocks however was willing to wait for Essex County Council to decide to buy the land. In the meantime developers made offers to buy the land and develop it for housing. These demands were all rebuffed.

Following a conference of the County and local authorities and with Essex County Council's agreement, 320 acres (130 ha) of the land were purchased for £145,000 for inclusion in the green belt. It is unlikely that such a purchase could have been made had Stocks not been willing to wait for the green belt negotiations to be finalised.

10. Discussion: Comparing the 'Success' and 'Failure' of the Green Belt Schemes

In the above cases, it would seem that the landowners in the case of the Tokyo green belt were behaving in a selfish way, whereas the landowners in the case of the London green belt were behaving in a disinterested or altruistic way. In fact, further reading reveals that although Japanese farmers were motivated by profit and the rapidly escalating price of land there was also a clear rejection of the autocratic policies that a green belt would have entailed. Such a rejection is not suprising if we consider Japan's pre-war militaristic history.

In the case of the London green belt the archives reveal that landowners were not entirely altruistic in their behaviour. The case of the London green belt reveals, as Peter Hall et al. (1973: 52) commented an almost 'mystical belief' in the importance of preserving land at any cost. The results show the commitment of the Chairman and Vice-Chairman of Surrey County Council and the Chief Commissioner of the Crown Lands in enabling the purchases of green belt land. With private land purchases a number of strategies were employed. Some of these involved secrecy, enabling Surrey County Council to purchase the land at a lower price. With purchases of Crown Land, C. L. Stocks delayed selling land so that it could be preserved for inclusion in the green belt.

Although the private landowners would appear to have been acting altruistically, they were able to benefit from the different arrangements by writing conditions into the sale of their land or by exerting influence over the authority making the purchase. Sir Jeremiah Coleman's generous offer to the local authority referred to above, was related to his demands to convince the council to increase the permitted number of houses on an adjoining site for development from 58 to 66 houses, and to ask the local authority to plant trees for screening the site. Furthermore, the neighbouring contributions of landowners to the green belt scheme shows that there was widespread understanding of the benefits that would accrue to a landowner if land was preserved nearby.

More generally, landowners were able to influence the way in which public open space was used. For example, many contracts made between landowners and the local authorities stipulated that buildings should not be erected on the site, or that trees should not be cut down except in the course of normal estate management. Other contracts insisted that the land should be kept as public open space (SHC GBSC). Landowners in some cases felt that they were better custodians of the public open space than the local authority. In one notable case, the Duchess of Northumberland refused to sell the land to Surrey County Council for the green belt because she felt that she could preserve the land for the public more effectively than the planners (SHC SCC). Members of Surrey County Council clearly shared some of these landowners' views by purchasing of manorial rights over land and throwing it 'open to the public' (SHC GBSC).

However, it is possible that an attitude of *noblesse-oblige* motivated the giving-away of land. The green belt had become a royal concern and a famous contribution to the green belt had been Windsor Great Park (TNA PRO COU 1/197). The King had wondered whether provisions for Scout Camps could not be made in the green belt (London

Metropolitan Archives LCC/CL/PK/1/26). In addition, the Council for the Preservation of Rural England were active in encouraging landowners to give their land for the public benefit (CPRE Minutes).

Although these conclusions add to our understanding of why the green belt was successfully established in London compared to Tokyo, other reasons for this should be noted. Firstly the loose aim for implementing a green belt was useful as a way of ensuring that it could be implemented. The green belt's function was opportunistically changed (i.e. 'invented' in the words of C. L. Stocks when explaining how land could be preserved) to help its implementation. It seems that this flexibility did not exist in the case of Tokyo. The most opportunistic of these changes was the green belt's use for military and commercial aircraft. This function was used to appeal to the Air Ministry to gain funding. It was also used to ensure that the Crown land that was being sold remained as open space. The role of justifications in the green belt's implementation has been commented upon by other authors (Rydin and Myerson, 1989; Booth, 2003: 188).

The flexibility of the green belt continues to be an important component of its longevity. In some cases groups that are determined enough to preserve the green belt can create a new function. For example, the lobbying efforts of the recently renamed Campaign for the Protection of Rural England, were responsible for attaching an urban regeneration function to the green belt in the government's 1984 circular 14/84 on the green belt (Marsden, T. et al., 1993: 125-126). Since then the Campaign for the Protection of Rural England has been able to have influence on another important pillar of central government planning; Planning Policy Guidance 3: Housing. Such action is responsible for maintaining the modernist divide between urban and rural (Murdoch and Lowe, 2003).

11. Conclusions: Citizenship and the Green Belt

The objective of this chapter was to use the concept of citizenship as a way of dissecting the implementation of the green belt in two different cases. Overall I show that even though the demand for land and development pressure was high both around London and Tokyo the landowners had significantly different responsibilities and relations with the state.

In the case of Japan, the rapid creation of a swathe of owner-occupiers because of the post-war land reforms and the new constitution in 1947 effectively reinforced the rights of landowners as well as gifting those rights to a large section of the population. In the case of the UK, although the number of landowners had also rapidly increased before the attempt to implement a green belt, the rights of these landowners had been steadily eroded over previous 200 years. In the case of London, the balance between the rights of access to green spaces and the right to develop green spaces were tipped towards access when compared with Japan. Such was the importance of this value that landowners were motivated to contribute to and campaign to preserve green belt land nearby as they were conscious that it would have a positive effect on their own property prices.

The concern with property prices in the establishment of the green belt is the same that is seen in the case of NIMBY-ism (Not in My Backyard-ism) today. Economists such as McCann (2001: 254) and others (e.g. Self, 1990; Town and Country Planning Association, 2001) note that present-day homeowners have an incentive to vociferously oppose any change to green belt policy. When the post-War green belt became central government policy, these homeowners benefited without having to compensate society for the opportunity costs of non-development. This has contributed to the present-day problems associated with the green belt's implementation, the restriction on the supply of land for housing.

References:

Amati, M. and Parker, G. (2007) Planning for citizenship versus the public interest: land use planning and land reform in Japan. *International Journal of Urban and Regional Research*, (under review)

Amati, M. and Yokohari, M. (2004) The actions of landowner, government and planners in establishing the London green belt of the 1930s. *Planning History* 26(1-2): 4-12.

Babb, J. (2005) Making farmers conservative: Japanese farmers, land reform and socialism. *Social Science Japan Journal* Vol. 8(2): 175-95.

Blomley, N. (1994) *Law, Space and the geographies of power*. Guilford Press, London.

Booth, P. (2003) *Planning by consent: origins and nature of British development control*. Routledge, London.

Byrne, D. (1998) *Complexity and the social sciences*. Routledge, London.

CPRE Minutes, Abercrombie, July 21, 1927.

Crow S. (1996) Development control: the child that grew up in the cold, *Planning Perspectives*, 11, 4: 399-411.

Dore, R. P. (1959) [1984] *Land reform in Japan*. Athlone Press, London.

Dower, J. W. (1999) *Embracing Defeat*. Penguin, London.

Ebato, A. (1987) *Tokyo no chiiki kenkyu*. Taimeidou, Tokyo (in Japanese).

Goodchild, R. and Munton, R. (1985) *Development and the landowner*. George Allen and Unwin, London.

Hall, P. Thomas, R. Gracey, H. and Drewett, R. (1973) *The containment of urban England*. George Allen and Unwin, London.

Hanayama, Y. (1986) *Land markets and land policy in a metropolitan area, a case study of Tokyo*. Oelgeschlager Gunn and Hain, Boston.

Hayes, L. (2004) *Introduction to Japanese politics* (4th Ed.). M. E. Sharpe, New York.

Howard, E. (1898 [2003]) *To-morrow: A peaceful path to real reform*, Original edition with new commentary by Peter Hall, Dennis Hardy and Colin Ward. Routledge, London.

Ikegami, E. (1996) Citizenship and national identity in early Meiji Japan. In C. Tilly (ed.), *Citizenship, identity and social history*. Cambridge UP, Cambridge.

Ishida, Y. (1991) Achievements and problems of Japanese urban planning. *Comprehensive Urban Studies* Vol. 43: 8-18.

King, A. D. (1984) *The bungalow: production of a global culture*. Routledge & Kegan Paul, London. p. 156-92.

Kwa, C. (2002) Romantic and baroque conceptions of complex wholes in the sciences. In Law, J. and A. Mol (2002) *Complexities. Social studies of knowledge practices*. Duke University Press, Durham, NC.

London Metropolitan Archives LCC/CL/PK/1/26 Letter from Buckingham Palace to Gater February 5, 1937.

Marsden, T. Murdoch, J. Lowe, P. Munton, R. and Flynn, A. (1993) *Constructing the countryside*. Routledge, London.

Matless, D. (1998) *Landscape and Englishness*. Reaktion Books, London.

McCann, P. (2001) *Urban and regional economics*, Oxford University Press, Oxford. p. 254

McDonald, M. (1997) Agricultural landholding in Japan: fifty years after land reform. *Geoforum* Vol. 28(1): 55-78.

Miyamoto, K. (1994) Studies on the transition of the green zone in Tokyo. *Zouen Gakkai* Vol. 57(5): 397-402 (in Japanese).

Miyamoto, K. (1995) Shuto kinkou ni okeru ryokuchitai kousou no tenkai ni kansuru ni, san no kousatsu. *Randosukepu Kenkyu* Vol. 58: 229-32 (in Japanese).

Murdoch J. and Lowe, P. (2003) The preservationist paradox: modernism, environmentalism and the politics of spatial division. *Transactions of the Institute of British Geographers* 28: 318-332.

Narito, T., S. Yamazaki and Y. Shimota (2000) Sengo no Tokyo ni okeru kadaitoshi yokuseisaku no koutaikatei to shigaika no jittai ni kansuru kenkyu - kinkouchitai wo shu toshite. *Toshikeikaku Ronbunshu* Vol. 35: 289-98 (in Japanese).

Niven D. B. (1921) The Parks and Open spaces of London, in Webb, Sir A. ed. 1921. *London of the Future*. London Society, London. p. 235-251.

Parker, G. (2002) *Citizenships, contingency and the countryside*. Routledge, London.

Pressman, J. and A. Wildavsky (1984, 3rd Ed.) *Implementation*. University of California Press, Berkeley.

Rydin Y. and Myerson, G. (1989) Explaining and interpreting ideological effects: a rhetorical approach to green belts. *Environment and Planning D: Society and Space* 7: 463-79.

Self, P. (1990) The political answer to NIMBYism. *Town and Country Planning* September: 228-9.

Sheail, J. (1981) *Rural conservation in inter-war Britain*. Clarendon Press, Oxford.

Sorensen, A. (2002) *The making of urban Japan*. Routledge, London.

Surrey History Center (SHC) GBSC, Minutes, Appendix No. 6, May 9,1935.

SHC SCC, Minutes, pp. 1598, July 26, 1938

Sutcliffe A. (ed) (1981) *British Town Planning: the formative years*. Leicester

University Press, Leicester.

Takamizawa, K. (1996) *Tokyo ryokuchi keikaku kara seisan ryokuchi seido made*. In *Ishida Yorifusa Sensei Taikan Kinen Ronbunshu 'toshikeikaku to toshikeisei'* Tokyo Toritsu Daigaku, Tokyo (in Japanese).

Thomas, D. (1970) *London's Green Belt*. Faber and Faber, London.

TNA COU 1/197 Tightening the Green Belt, The Times, September 4, 1956.

TNA CRES 35/668a Minute from Stocks to Minister July 7,1937.

TNA CRES 35/668b Letter from C. L. Stocks to R. Adams, County of Essex, 8.4.1936

TNA CRES 35/668c Letter from E. Drew to C. L. Stocks. August 6, 1937.

TNA HLG 4/3764 Letter from Minister to participants of Thames valley regional conference, June 12, 1922.

TNA HLG 52/1217 Annex to the Greater London Region - Reservation of Open Spaces, Deputation to the Minister January 30, 1934.

TNA HLG 54/175 Surrey County Council Act, Sect. 70-71 1931.

TNA HLG 79/1074 LCC Joint report of the Parks Committee and the Town Planning Committee, December 14, 1934.

Town and Country Planning Association, (2001) *Home Truths. Setting out the evidence of the need for more new houses*. Town and Country Planning Association, London.

Tsuru, S. (1993) *Japan's capitalism: creative defeat and beyond*. Cambridge University Press, New York.

Van Gunsteren, H. (1994) Four conceptions of citizenship. In B. Van Steenbergen (Ed.), *The condition of citizenship*, Sage, London.

Whatmore, S. (2003) *Hybrid geographies*. Sage, London

Wildavsky, A. (1973) If planning is everything, maybe it's nothing. *Policy Sciences* Vol. 4(2): 127-53.

第6章

公共施設としてのオープンスペース

──19世紀ロンドンの都市公園整備──

坂井 文

1. はじめに

英国・ロンドン市のリージェントパーク（Regent's Park）は，年間500万人が訪れるロンドンで最も人気のある公園のひとつである[1)]。ロンドンの目抜き通りオックスフォード通りと交差しながら南北に通るリージェント通りの北端に位置するリージェントパークは，手入れの行き届いた花壇を鑑賞する観光客でにぎわうほか，地元の住民のレクリエーションの場としても重要な公園である。しかしこのリージェントパークは，19世紀初頭の開発当時には住宅開発の一部として，限られた人の共用庭園として計画されていた。リージェントパークは，時の世論を受けて開発中に共用庭園から公共公園へと形を変えた歴史を持つ。

リージェントパークを開放へと導いた世論は，オープンスペース確保の必要性を周知し，それまでロンドン市の西側に集中していた公園の整備を東側の市街地，さらにテムズ川の南岸，ロンドン市の南側にまで広げた。しかしながら，ロンドンの東側や南側に王室は領地を持ち得ていなかったために，その整備はそれまでの王室の領地を開放するものとは異なり，土地や資金の確保からはじまり，公共公園として計画当初からデザインされることとなった。リージェントパークの開放と同年に発表されたビクトリアパーク（Victoria Park）の整備は，こうして当初から公共公園として計画・開発された王立の都市公園の第一号にあたる。

リージェントパークの開放とビクトリアパークの開発は，時の世論を受けて連続的にロンドンの東と西で起きたが，土地の取得を必要としたビクトリアパークと領地であったリージェントパークでは開発経緯が異なる。しかし同時にその計画手法において，公園となるオープンスペースの整備と住宅計画が密接に関係していたという点で共通点がある。つまり，リージェントパークは住宅開発が主であり，付加価値として共用オープンスペースが整備されたのに対して，ビクトリアパークは主に公園整備の資金確保のために周囲に住宅開発が行われた。ふたつの開発においては，オープンスペース整備と住宅開発の関係が反転しているといえる。

こうした意味で，1841 年に同時に発表されたこのリージェントパークの開放とビクトリアパークの開発は，ロンドン市の公共公園の整備史における重要な転機であったといえる。転機といえる状況の変化は，次の 3 点に集約されると考えられる。

① 共用庭園から公共公園への変遷（都市オープンスペースのあり方）

② 領土の開放から開発行為としての公園整備への移行（公共公園の整備方法）

③ 住宅開発の一部であったオープンスペース整備からオープンスペース整備のための住宅開発（住宅開発とオープンスペース整備の関係性）

振り返れば，ロンドンのハイドパーク（Hyde Park）は国王の狩猟場として確保されていたものが，17 世紀より徐々にその開放時間や開放する対象者を広げてきた。その利用者を，国王のみ→国王と上流階級→中流階級も含む→国民一般，と 17 世紀から 19 世紀にかけて拡大してきた。個人の利用から共用で利用する共用庭園，そして市民一般に公開する公共公園と，都市においてオープンスペースを共用する必要があるという議論が，都市化に伴いすすんできたと考えられる。（①都市オープンスペースのあり方）

こうした 17 世紀から時間をかけて王室の所有するオープンスペースが開

放され公共となる過程に，リージェントパークの開放とビクトリアパークの開発といった，19世紀に本格的にすすめられた公共施設としての都市公園の整備の土台が築かれたともいえる。公共公園の整備方法が，19世紀前半までの国王の領地の開放による公園整備から，現在の政府や自治体を中心に公園整備をすすめていく体制へ変換される初動期であったと考えることもできる。(②公共公園の整備方法)

一方，リージェントパークやビクトリアパークにみることのできる住宅開発とオープンスペース整備の関係性については，17世紀から行われていたロンドンにおける住宅開発とその付加価値としてのオープンスペース整備の手法の影響があると考えられる。リージェントパークの計画にみられる共用庭園の計画には，17世紀からロンドンにおいて開発されてきた高級集合住宅の共用庭園として建設されてきたスクエアーの影響がみられる。スクエアーと公園ではその開発主体は異なるものの，都市における住宅開発とオープンスペースの整備という観点からは，一連の動きととらえることができる。(③住宅開発とオープンスペース整備の関係性)

そこで本稿は，住宅開発とオープンスペース整備の関係性と，19世紀ロンドンにおける共用庭園が公共公園となる過程における議論に注目しながら，近代都市の建設過程において様々な様態を持ち合わせたオープンスペースが，都市施設として取り組まれ，公共施設として整備されていった過程について提示することを目的とする。

以下，2節にて19世紀ロンドンの都市化におけるオープンスペースの確保が社会的要請となった背景を簡単に説明する。3節にて19世紀ロンドンの住宅開発とオープンスペース整備の関係性をリージェントパーク計画におけるスクエアーの影響を明らかにしながら示す。4節においては，共用庭園として整備されたオープンスペースが公共公園となる過程における議論を，リージェントパークの開放の過程を明らかにすることにより示す。5節は，ビクトリアパークの開発計画を通して公園が公共施設として整備されていく過程を提示し，近代都市において公園が都市施設として整備される体制づくりの過程を明らかにする。最終節にて，本論を通して考察されたことを簡単にまとめる。

2. 19世紀初頭のロンドン

19世紀の英国は，産業化に伴って都市に人口が流入する，都市化現象のはじめてみられた国として言及されることが多い[2)]。特に首都であるロンドンの人口は，100万人であった19世紀初頭から，1900年には650万人に達し，西欧諸国において第二の規模であったパリの270万人を大きく引き離していた。

しかし，1832年のロンドンをはじめとする英国各都市のコレラ発生によって，都市住環境の，特に労働者の急激な増加とともに出現したスラムの劣悪な環境改良の必要性に迫られることになる。翌年の1833年に提出されたパブリックウォーク委員会によるレポートは，都市化の進む都市部において快適な生活，公衆衛生の向上，異なる階級の交流の場としてのオープンスペースの必要性が強調され，既存の都市オープンスペースが開発によって失われている事実を警告していた[3)]。このレポートは，現状把握として当時開放されていたセントジェームスパーク（St Jame's Park），グリーンパーク（The Green Park）とハイドパークについて言及しながら，リージェントパークの開放を促し，ロンドン市東部に新規公園を設置することを要求している。レポートを通じて，オープンスペースは労働者の生活基準の向上，さらに市民としての意識を育てる場であるという視点が強調されている。

さらに，1848年の公衆衛生法（Public Health Act, 11 & 12 Vic., c. 63）においては，建造物内の換気を向上させる設計基準が定められ，建造物の周囲にオープンスペースを設けることが規定された。これは，1845年の公衆衛生法によって上下水道設備の設置が促進されたのに続くものであった。ロンドンにおいては特に，1858年の地方行政法（Local Government

Act）によって，基準道路幅は12 m，建造物の後方には最低限17 ㎡のオープンスペースを設置することが義務づけられている。

1875年に改正された公衆衛生法（Public Health Act, 38 & 39 Vic., c. 55）には，「第4章：地方自治体による整備」という新しい章が設けられ，道路や街灯，市場などの整備とともに，レクリエーションの場を設置することとしている。都市に何人も楽しむことのできるパブリック・ウォーク（Public Walk）やプレジャー・グランド（Pleasure Ground）を，土地の所有もしくは借用によって設置するよう明言している。

つまり19世紀ロンドンにおいては，都市衛生向上のためのオープンスペース確保が社会的要請となっていた。その方策として，既存の都市オープンスペースの保護と，公園設置や建築開発を通して新設のオープンスペースを整備する，という大きく二本立ての政策が行われていたと考えられる。

3. リージェントパーク計画にみるオープンスペース整備と住宅開発

オープンスペース整備をすすめた背景には，こうしたロンドンの劣悪な環境改良のためだけでなく，急激に進む都市開発の波に対する危惧もあった。19世紀のロンドンの都市化をうけて，多くの都市開発がウエストエンドの北側，現在のオックスフォード通り以北のリージェントパーク周辺を中心にすすめられた。19世紀初頭，建造物のほとんどない空地であった当地は王室を含む大地主によって所有されており，地主による住宅開発がはじめられた[4)]。主なものとして，ベッドフォード公爵のブルームズベリー（Bedford's Bloomsbury），カムデン卿のカムデンタウン（Lord Camden's Camden Town），ポートマン氏のメリルボーン（Mr Portman's Marylebone）などが挙げられる。

もともとロンドンの住宅開発は伝統的に地主による一体的な開発によってすすめられてきた。19世紀まではオックスフォード通り以南のウエストエンドと呼ばれる地区を中心に開発が進み，不動産価値を高める付加価値としてスクエアーと呼ばれる共用庭園が集合住宅の中央部分に計画された[5]。17世紀当初，スクエアー（共用庭園）と，スクエアーと建物の間の道路は，土地所有者の地主によって一体的に管理されていた。しかし，スクエアーと建物の間の道路を利用する人が多くなるにつれ，地域自治体は道路部分を管理することとし，スクエアーには道路と区別するための柵が設けられた。こうしてスクエアーは周囲の道路とは異なり，住民により共同管理される住民のための共用庭園という位置づけが確立される。管理体制の変化は，道路とスクエアーのデザインにも変化をもたらし，スクエアーには噴水や植栽などが設けられることとなる。こうして150年ほどの間に，スクエアーの管理方法とデザインは変化しながら，現在の公園のような要素を持ってはいるが限られた住民のための共用庭園というスタイルが定着していった。

19世紀の前半50年の間は，ロンドンにおいてスクエアー建設が特に活発に行われた時期であり，その数は76ヶ所といわれている[6]。14ヶ所のスクエアーが建設された18世紀の後半50年間と対比すると，大きな飛躍である。スクエアーは本来，その四方を公共道路によって囲まれた四角い共用庭園を指したが，開発敷地によって半月型のクレッセントや円形のサーカスなど，様々な形態が現れる。また，共用庭園の一辺もしくは，その二辺が集合住宅に挟まれガーデンと呼ばれるものなど，共用庭園と周辺の建築物との関係も多様化していく。つまり都市生活における，住居とオープンスペースの新しい関係を作り出していた。またそれまでのスクエアー計画が，中心となるスクエアーとその四方を囲む建築物からなる一街区の中で完結した計画であったのに対して，複数のスクエアーを道路網の配置と同時に計画する地区計画は，地域全体の景観を形成すると同時に，連続した共用庭園を実現していた。

地区計画の一例として，ロンドン主教のベイズウオーター（Bishop of London's Bayswater）の計画図をみると，10近い新規のスクエアーが様々な手法で計画されている（**図1参照**）。伝統的な四方を道路に囲まれた，サセックススクエアー（Sussex Square）のほかに，二方を建築に囲まれたグ

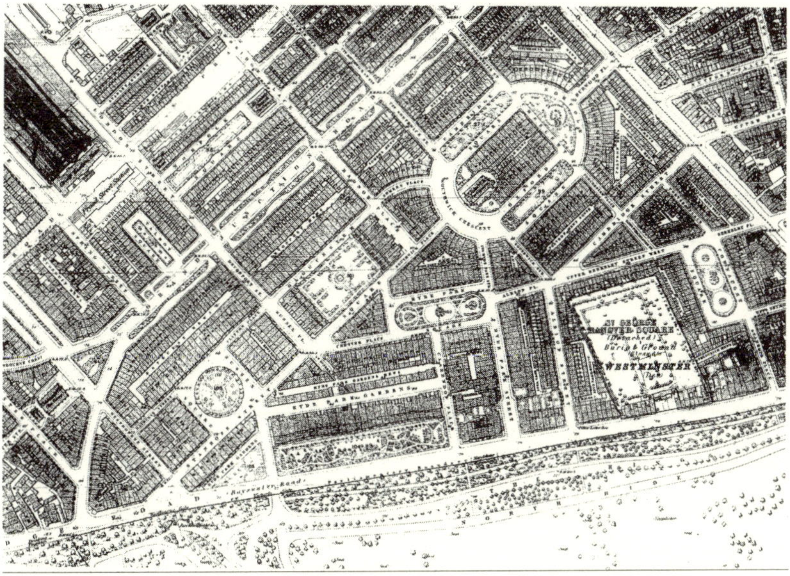

図1　ベイズウオーター地区の開発（Ordinary Survey より転載）

ロチェスタースクエアー（Gloucester Square），一方が建築に面したハイドパークガーデン（Hyde Park Gardens）が計画されている。さらに，セント・ジョーンズ教会の周囲は，半円型のスクエアーを中心に，線対称に2つのスクエアーが配置されている。敷地の北西部を横断するグランドジャンクションロード（Grand Junction Road）は，両脇に植栽が計画され，地区全体が植栽の多い良好な住宅地になっていることがわかる。実際，当時「最も洗練された住宅地区」と賞され，「美しいスクエアー，広々とした街路，格調高い家並みが，みごとな景観を生み出している」といわれていた[7)]。

ロンドンの都市開発の波を受け，時の皇太子もロンドン市の北部の540エーカー（約216ha）の王室の用地，つまり現在のリージェントパークの敷地に宅地開発する計画をたてる。

もともとリージェントパークは，ヘンリー八世（Henry VIII）によって

16 世紀に囲い込まれ，当初はメリルボーンパーク（Marylebone Park）と呼ばれていた。狩猟場として利用するために，ヘンリー八世は敷地内に簡単な小屋をつくり，狩猟のお供をする狩人たちを住まわせていた。17 世紀半ばの共和制の時代，メリルボーンパークは議会に没収され，短期間で土地からの収益を上げることをたくらんだクロムウェルの部下 3 人によって，パーク内の多くの木が伐採され材木として売られてしまう。チャールズ二世（Charles II）によって王政が復古すると，メリルボーンパークの敷地は再び王室の所有となったが，王はパークの敷地をもとの狩猟場ではなく，牧場として利用することにした。というのも当時のロンドン市では，その人口の増加とともに日常生活にかかせない乳製品の市内での需要が高まっており，市の周辺地で乳製品を供給する必要があったためである。当時のメリルボーンパークの周辺はまだ宅地化されておらず，ロンドン市の縁ともいえる地域であったため，その敷地は放牧地として貸し出されることになる。こうして 18 世紀末まで，メリルボーンパークは主に乳牛を飼育する牧場として利用され，その規模は 1,000 頭の牛を放牧するまでになっていたといわれている [8)]。

こうして 18 世紀後半まで，メリルボーンパークの土地については，王室と複数の借り主との間で賃貸に関する契約が結ばれていた。しかし，それらの契約は 1772 年以降更新されず，1811 年を目処に土地は王室へ全面的に返還されることになっていた。1793 年，王室領地の主任監督者（Surveyor General of the Crown Land）であるジョン・フォダイス（John Fordyce）は，パークの今後の利用方法について提案を求められる。フォダイスは，メリルボーンパークの利用計画を定めるために賞金をつけたコンペを行い，国内の主要な建築家の提案を募集することを思いつく。しかしコンペの結果は，ポートランド公爵領の主任監督者であったジョン・ホワイト（John White）のみが提案というものであった。当時ポートランド公爵はメリルボーンパークの周辺で宅地開発を展開しており，ホワイトの提案は，そうした住宅地の中に残るメリルボーンパークの自然を残そうと，その中心部分は牧草地のままにし，敷地の周辺に住宅を計画したものであったといわれる。

1809年にフォダイスが死去すると，王室森林領地管理委員会（Commissioners for Woods and Forests and of Land Revenues）が設置され，委員会の主任監督者であるトーマス・レバートンとトーマス・チャウナー(Thomas Leverton & Thomas Chawner)，さらに委員会の建築家であったジョン・ナッシュ（John Nash）に，それぞれ計画図の作成が依頼される。1811年，レバートンとチャウナーは540エーカー（約216ha）のメリルボーンパークの宅地開発計画図を発表した（**図2参照**）。計画図を見ると，敷地は格子状に分けられ，敷地の南部には高密度なテラスハウスが配置され，北部には低密度な邸宅が計画されている。19世紀初頭のロンドン市北部は，メリルボーンパークの敷地の南端にまで，宅地化の波が押し寄せていたが，そのほとんどはポートマン氏やサウスハンプトン卿などの大地主による住宅開発であった。レバートンとチャウナーの計画図には，周囲の宅地開発も書き込まれており，それらと同調して計画図を作成した意図が見られる。レバートンとチャウナーは，敷地の三分の二を住宅用地にし，敷地周辺の道路網との調整も図るべきだと説明している[9]。しかし，計画された宅地の密度が高すぎ，良好な宅地開発としては十分なオープンスペースがとられていないとして，計画案は却下されてしまう[10]。

リージェントパークの計画が本格化するのは，建築家ジョン・ナッシュ(John Nash）によるリージェントパークの計画図が発表された1812年からである（**図3参照**）。ナッシュは，大幅に住宅数を減らし，敷地中心部は池と樹木が配置された「公園」のような計画にし，十分な間隔をとりながら複数のヴィラ（一戸建て住宅）を計画した。池は，装飾として人工的に計画されたもので，起伏のないリージェントパークにアクセントを加えるものであった。22エーカー（約9ha）の池を建設するために出た残土は，中心部分に計画されたインナーサークル（Inner Circle）に盛られ，平坦な土地に起伏をつくっている。ナッシュは，当時すでにランドスケープ・アーキテクトとして成功していたハンプリー・レプトン（Humphrey Repton)

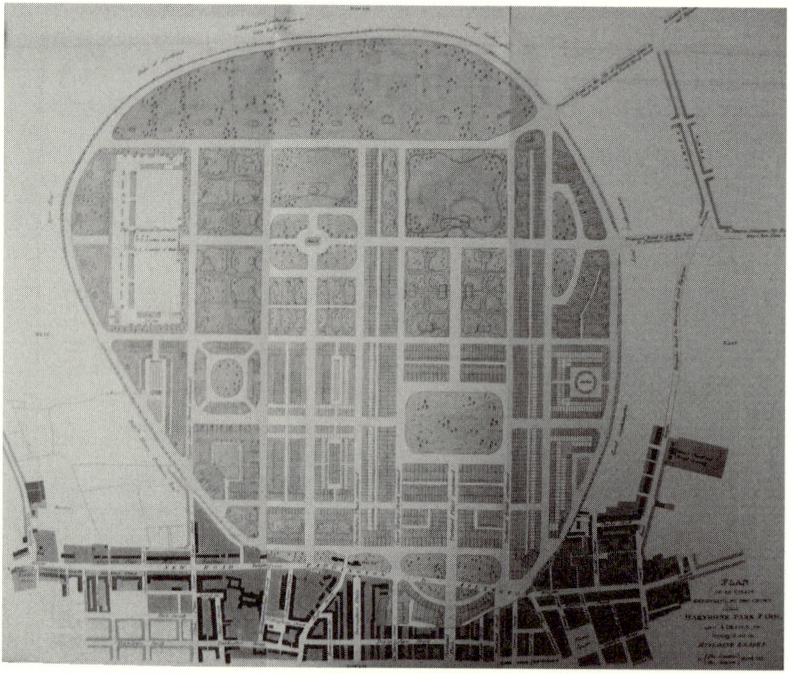

図２　レバートンとチャウナーによるリージェントパークの計画図（PRO CRES 60/2）

と1795年から1802年まで共に働いた経験があり，レプトンの得意とする風景式庭園と呼ばれるピクチャーレスク・ガーデン（Picturesque Garden）のデザインの影響を受けていたことが指摘されている[11]。

計画図には，敷地の南端と西端はパークを囲むように，また敷地の中心には正円を描いた形でテラスハウスが配置されている。さらに敷地の東端には市場のたつオープンスペースを囲むようにテラスハウスが設計されている。つまりナッシュは，労働者用住宅を東端に集中させ，中産階級用の住宅によって敷地全体を囲み，敷地の中央部分に点在する上級階層の住宅（ヴィラ）を計画していた。同じ敷地の中で，住宅の配置とその密度を使い分けながら，住区を計画的に分けている宅地開発であったことがわかる。

ナッシュは，1810年当時建設中であったサウスハンプトン卿のソマース

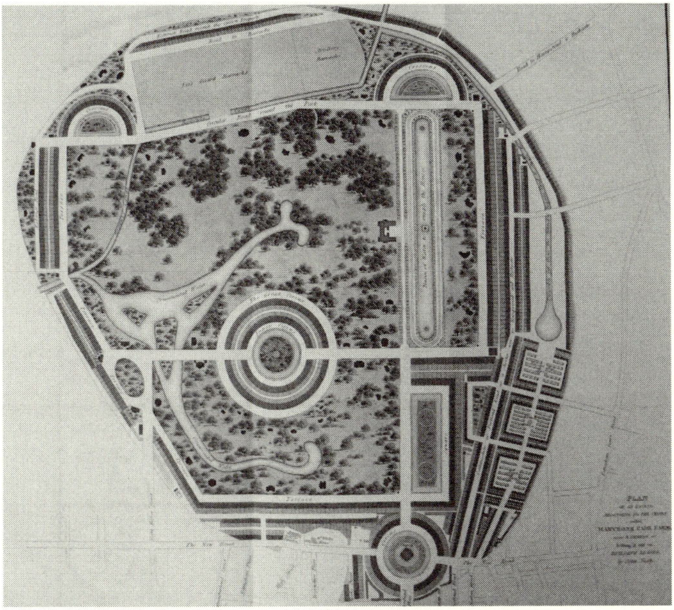

図3　ジョン・ナッシュによるリージェントパークの計画図（PRO CRES 60/2）

タウン（Lord Southampton's Somers Town）に労働者階級の住宅がまったく計画されていないことを，計画案についての説明書のなかで非難している[12)]。現状のロンドンの都市化を鑑みれば労働者用の住宅の建設は不可欠であるとし，ポートマン氏やポートランド公爵の住宅開発計画についても変更を求めている。

中産階級用テラスハウスについては，中心部に円形や半円型や長方形の共用庭園をもつ，これまでのスクエアー開発と同様の住宅開発手法をナッシュは用いている。ナッシュによる計画案についての説明には，

「ベッドフォード公爵，カムデン卿，サウスハンプトン卿，ポートマン氏などによる大規模な道路とスクエアーを配置する近年の宅地開発手法や，道路排水と下水道施設の設置方法を参考にすべきである」[13)]

とあり，続いて，

「スクエアーは，新鮮な空気，自然景観，住人に散歩などの機会を与える実に魅力的なオープンスペースである。」[14)]

と記している。この記述から，ナッシュが当時敷地周辺で行われていた大地主の宅地開発を意識し，さらにその影響を受けていたことがわかる。

つまりナッシュの中産階級用の住宅開発は，従来のスクエアーの伝統を踏襲し，限られた住民の共用庭園をイメージしていた。一方，労働者用住宅については，空地を囲む住宅開発というスクエアーの形態は踏襲されたが，それは市場という機能を持ち合せた，一般市民が誰でもアクセスできるオープンスペースとして計画された。こうした使い分けによって，リージェントパーク計画図においては，ロンドンの伝統的なオープンスペースであるスクエアーの形式が受け継がれていたことがわかる。

4．リージェントパークの開放

ナッシュは，スクエアーの伝統を踏襲して計画した中産階級と労働者階級用の住宅部分とは対照的に，その中心部分は上流階級用の邸宅が点在するよう計画している。それは，都市の限られた敷地のなかで実現可能な範囲でピクチャーレスクな庭を共用する邸宅が点在する計画であった。ヴィラのひとつは，19 世紀にハイドパークの改良計画を行ったデシムス・バートン（Decimus Burton）が，18 歳のときに設計したものである。アングロ - サクソン語で「川のなかの小島」という意味の「ホーム」（“Holme”）と名づけられたこの建築物は，現在でもリージェントパークに残っているが一般には公開されていない。

当初の計画図において，ジョン・ナッシュは 26 のヴィラをリージェントパークの中心部分に点在させていたが，実際には 8 つのヴィラを建設するにとどまっている。1821 年に作成された図面をみると，ヴィラがリージェントパークの南東側に集中して配置されており，それぞれのヴィラの周囲に一定の敷地の庭が確保されているのがわかる（**図 4 参照**）。図面には次のよ

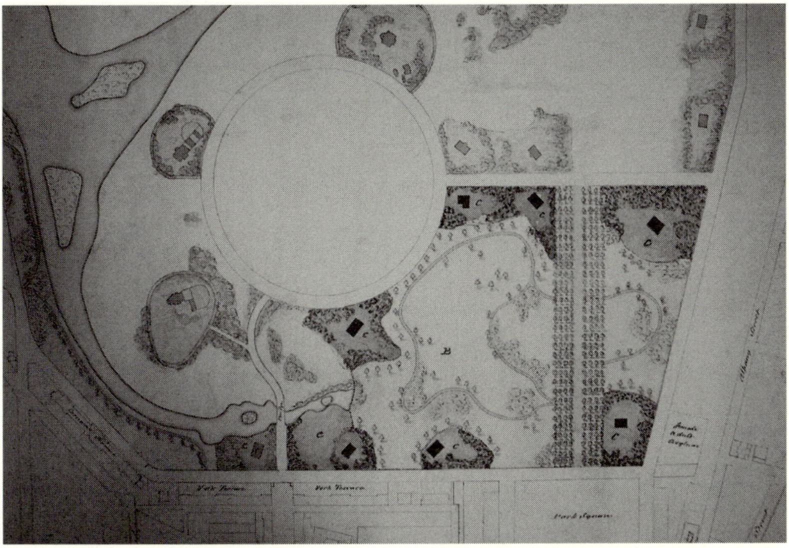

図4　1821年のリージェントパークの計画図（PRO MPE 1/1279）

うな注意書きが書き込まれている。

「図面中Bと記され黄色く色づけされた2ヶ所については，一般に公開しても問題がないと思われる部分である。図面中Cと記された部分については，8つのヴィラのそれぞれの前庭として確保する部分である」

つまりこの図面は，ヴィラの敷地外の部分を一般に公開することを検討するために作成されたものであることがわかる。リージェントパークの開放を求める意見は，後述するように議会でも取り上げられているが，それより以前に，敷地の中心部分が一部の所有者によって占有されることに対する不満の声が上がっていたことを示している。1824年には，リージェントパークの建設の進捗状況を示す図面が作成されており，その図面には3棟のヴィラが建設されている。ヴィラ部分は，それぞれターク氏（Geo A. Tulk）によって占有されている3エーカー（約1.2 ha），バートン氏（James Burton）による1エーカー（約0.4 ha），クーパー氏（Cooper）による2エーカー（約0.8 ha）と記されている。そのほかにも，公園内の牧草地帯

(Meadow) 226 エーカー（約 92 ha），池の部分（Ornamented water and islands）22 エーカー（約 9 ha），アベニュー（Avenue）6 エーカー（約 2.5 ha）など，用途別の面積がそれぞれ詳細に記述されている。

敷地の大部分が上流階級の住宅として閉鎖的に計画されていたリージェントパークの一般への開放を本格的に議会に求めたのは，1833 年に議会に設置された特別委員会であるパブリックウォーク委員会である[15]。委員会の提出したレポートは，近隣住民がアクセスすることのできない「パーク」は，適切な法律のもとに速やかに公開されるべきだと非難している。1841 年の英国議会では，リージェントパーク周辺の人口が近年大幅に増加している事実をあげ，パークが公開されることの意義の大きさが主張されている[16]。また世論においても，リージェントパークの開放について多くの議論がなされている。例えば，タイムズ紙には「英国の公共の利益は実に度々，一部の上層階級に専有されてきた」という意見に続き，「パーク」という言葉を公開していないオープンスペースに使うことは間違いだ，という指摘もみられる[17]。すでに，セントジェームスパーク，グリーンパークそしてハイドパークの王室用地が公開されていたため，本来狩猟地を指した「パーク」という名称が，公共公園を意味するようになっていたことがわかる。

1841 年に正式にリージェントパークの開放が公表され[18]，1842 年には開放が実施された。しかし，当時すでにパーク内の住居について王室と個人や組織の間で土地についての賃貸契約が結ばれていたため，パークの一部のみが開放されることになる[19]。例えば，王立植物学会（Royal Botanical Society）は 18 エーカー（約 7.4 ha）の土地について 1837 年より賃貸契約を結んでおり，1932 年の契約の切れるまで敷地へのアクセスを限定していた。この土地とは，リージェントパークの中心に位置する円形の部分にあたり，現在メアリ女王庭園（Queen Mary's Garden）と呼ばれている。

さらに，パークの北端部の 5 エーカー（約 2 ha）の土地は，1824 年に設立されたロンドン動物学会（Zoological Society of London）によって使用されることが決定されていた。1830年に計画された図面をみると，園内の建造物は変更されているが，動物園への入り口の位置など園内を構成する骨格は現在の状態とほぼ同じであることがわかる。当初，屋外で動物を飼い研究観察する場所として利用されたこの場所は，現在の人気観光スポットのひとつであるロンドン動物園（London Zoo）となっている。

開放が発表された1841年のレポートに添付された計画図をみると，開放されたのは敷地内を南北に通る並木道の東側，及び西側の一部，さらに敷地北西の細長い部分である（**図5参照**）。敷地内の北半分は将来開放予定とされ，公園敷地内に点在する各住戸の周囲は借地権の関係で閉鎖されている。1841年以降，リージェントパークは100年以上の時間をかけて少しずつ開放され，1946年，ほぼ全域にアクセスが可能となった。その間には，地域住民によってリージェントパーク内の通路が提案されることもあった。1867年にタイムズ紙への投書とともに王室森林領地管理委員会（Commissioner of Woods and Forests）に提出された計画図には，パーク内を南西の角から北東の方向へ縦断する通路が計画されており，それまで回り道を余儀なくされていた地域住民の要望が伝えられている。

リージェントパークはこのように，アクセスについては部分的な制約があったが，開放されている部分ではレクリエーション活動が活発に行われていた。例えば，パークの北側半分をしめる広い芝生の部分はサッカー，クリケット，ホッケーなどに使用され，現在でも市民が自由にスポーツを楽しめる場所となっている。リージェントパークの池は寒い冬のスケートリンクとして人気のスポットであったが，1867年に氷が割れて多くの人がおぼれる事件が起きて以来，スケートは禁止となってしまっている。

5. ビクトリアパークの計画にみる公園整備の手法

リージェントパークの開放が周知された1841年の第18レポートの同じページに，ビクトリアパークの建設についての記述がみられる。その記述の

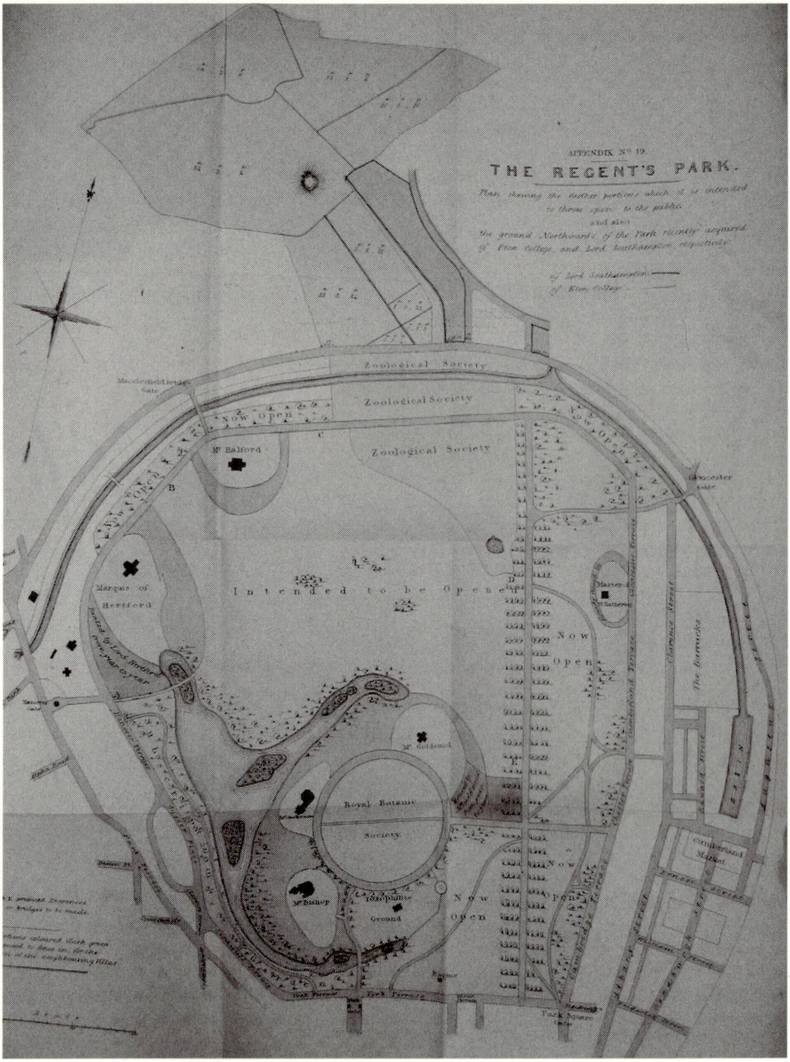

図５　1841 年のリージェントパークの開放予定地（PRO CRES 60/5）

一部は次の通りである。

「ロンドンの首都圏東部に広がる高密度な住宅街のなかに，公共の行楽地を設ける必要があることは，長い間指摘されていたことであるが，今期の英国議会にて審議された法律によって，王立公園を整備するためにハックニー通りとホワイトチャペル通りの間の土地を購入することが承認された」[20)]

記述の前半部分にある「長い間指摘されていたこと」という部分の根拠となる報告書のひとつは，前出の1833年のパブリックウォーク特別委員会のレポートであると考えられる。レポートのなかでは「ロンドンの東側には整備された公園や公共ウォークが全くない」[21)] ことが指摘されており「(ロンドンの東側に多く住む) 労働者階級が家族とともに休日，新鮮な空気を吸いながら歩き，休養する場が必要である」[22)] としている。なお，レポートは続いて下記のような記述もしている。

「異なる階層の人々が利用する公園を，労働者階級の家族がきちんとした身なりをしてそぞろ歩くことは，彼らの市民性を高めることになるだけでなく，彼らの消費活動を活発にするとも考えられる」[23)]

この記述は，労働者階級の公園利用は健康管理の側面だけでなく，市民性を身につける効力もあるとしている。さらに注目に値するのは，労働者階級の消費活動の活性化にまで言及している点である。つまり，労働者階級は生産者であるだけでなく消費者である側面にも注目し，新たな消費層の開拓の可能性を示唆している。中流階級以上にとって公園は，最新のファッションを披露しながらそぞろ歩く場所でもあり，その行為が労働者階級にも波及することを想定しているといえる。

また第18レポートの記述の後半部分からは，王室の領地が点在するロンドンの西側と異なり，王室が領地を所有しない東側においては，王室が公園を整備するための土地を獲得するための法を制定することから計画が始められたことがわかる。この時点で，ロンドンの東側，特に北東の部分でハックニー (Hackney)，ベスナルグリーン (Bethnal Green)，ボウ (Bow) の3つの地区が候補に挙げられていたといわれている[24)]。

王室は土地取得のために，セントジェームスパークの横に位置するヨークハウスの売却を決めると同時に，ビクトリアパークの敷地を所有していた複数の地主と土地売買について1841年から1851年の10年間にわたって交渉している。最終的に290エーカーの土地を取得し，193エーカーを公園として整備した。前出の土地取得のために策定した法律のなかで，公園整備のための費用捻出のために土地の貸し出しを認めているが，その面積は全体の四分の一を超えないこと，としている[25)]。つまり公園整備のための財源を土地の貸し出しから確保することを明確にする根拠となる法を定め，そのなかで，住宅，記念碑的な建造物，事務所，庭園などの用途に限って貸し出すことができるとしている。

ビクトリアパークの計画図はジェームス・ペネソーン（James Pennethorne）によって作成された（**図6参照**）。ビクトリアパークの周辺には労働者階級と中産階級のためのタウンハウスがそれぞれ計画され，公園で異なる階級が交流することをペネソーンが意図したことがわかる。特に中産階級がビクトリアパークの周辺に住むことによって，それまで労働者階級が集中していたこの地域の住環境改善をはかることを，ペネソーンは期待していた。

しかしながら，こうした異なる階層が共に公園施設を享受するうえでの問題点が，計画段階で浮上した。それは，地元住民から提案された公園内に公衆浴場を建設する要請であった[26)]。それまで労働者階級は，夏の暑い日の夕方には仕事帰りに運河で汗を流すのが慣習となっていた。水上交通量の多い運河においては，こうした人々の水浴びは運行上の問題であると同時に，事故が起きる危険な行為であったために，公園内に屋外公衆浴場の設置が要請された。

設計者のペネソーンは，この要請を却下している。公園の周辺に建設する住宅の住民が，夏の暑い日の夕刻に労働者が屋外で水浴びを行う姿を見ることになるのは，いうなれば公園整備の出費者でもある新規住民にとっては不条理である。また，公園は王室によって所有された王室用地であり，そのよ

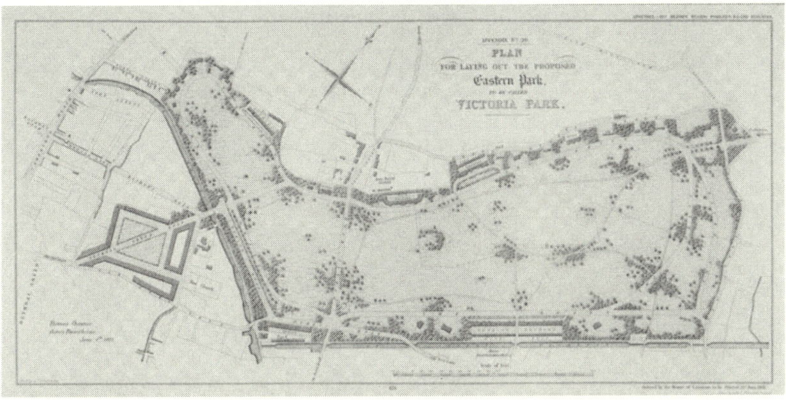

図６　ペネソーンによるビクトリアパーク計画図　（PRO LPRO 1/2036）

うな格式のある土地で労働者が裸で水浴びをするような行為を許すわけにはいかない[27)]，としている。しかしながら，最終的には利用者の要求に答え，水浴びをするための屋外の池が公園の隅に建設された。この施設が公園内で最も人気があり，夏の日には多くの利用者があったというのは，皮肉な事実である[28)]。

この他にもうひとつ公園で人気がある施設が，演説コーナーであった。ハイドパークのスピーカーズコーナーと同様に，一般市民が自由に議論を展開することのできる場所として設けられた。この場所には日曜日ともなれば何千人という人が集まり，公園で最も人を引きつける場所となった。

1846年５月12日の開園の日の新聞には，ビクトリアパークが2.5万人の人でにぎわっているという盛況ぶりが伝えられた[29)]。この年には，バタシーパーク（Battersea Park）の開発も公にされている。

1842年からロンドンの特定の計画の是非に焦点を当て議論を重ねてきた首都圏改良委員会（Royal Commission on Improving the Metropolis）の第５レポート[30)]が取り上げたのが，バタシーパーク整備の問題であった。それまで首都圏改良委員会は，例えば，第３レポート[31)]にはウェストミンスターの南側部分（the south part of Westminster）について，第４レポート[32]にはスピッターフィールド（Spitalfields）の開発計画について審議してきた。

第５レポートの書き出しは，ロンドンの南側に公園が整備されていないことを非難した下記のようなものであった。

「ロンドンの西側はハイドパークにはじまる伝統的な公園が多くあり，北側ではリージェントパークが開放されレクリエーションや健康増進のための施設が用意され，東側においてはビクトリアパークが建設されたばかりである。これに対して，ロンドンの南側においてはレジャー施設が全く存在していない」[33]

バタシーパークの建設を通して，ロンドンの南側に健康的で手入れの行き届いた公園とすべての階層が楽しめるレクリエーション施設の整備を進めるとしている。

バタシーパークの計画地となったバタシーフィールド（Battersea Field）は下水道施設もない不衛生な場所であるにもかかわらず，不法占領している労働者がいるそばで，夏の日曜日ともなればお祭りが開かれたり，鳩撃ちを楽しむためにそれまで利用されていた。開発当時，もともと湿地であるバタシーフィールドが開発に適しているかどうか，疑問視する声もあった。例えばタイムズ新聞では，

「誰も利用しないであろう場所を整備するために我々の税金が投入されることに，はなはだ疑問を感じる。……（途中略）……ロンドン市内の中心にもっと早急に対応するべき問題があるはずである」[34]と計画を非難する論説が掲載されるほどであった。

一方で地元の教会関係者は，

「地元住民の集会場所となるバタシーフィールドを改良し公園とすることによって，住民のモラルが向上されることを希望している」[35]

と，公園として整備されることによって地域住民の市民性が高まることを期

待していた。

バタシーパークの公園建設は，結局，周辺の土木事業とセットで行われることで着手がきまった。つまり，テムズ川にかかるバタシー橋の建設と橋のたもとに位置するバタシーパークとそのテムズ川側の護岸整備の一体事業として行われることになった。もともと，先の首都圏改良委員会の第1レポート[36)]にも，テムズ川南岸の護岸を整備する必要があげられていたため，都市基盤整備とともに公園建設を行う方針を打ち立てたと考えられる。

バタシーパーク計画が議会で承諾されると，1846年に土地買収をすすめるための法律[37)]が策定され，約320エーカーの土地の買収計画が始められた。バタシーパーク計画を遂行するために，都市基盤整備の工事と同時に行われることが戦略的にとられたのは前述したとおりであるが，次に画策されたのはその整備費についてであった。公園整備の費用を一部調達するために，公園の周囲に住宅を建設することが盛り込まれた。1846年のペネソーンの計画図には，敷地の西と東側にテラスハウスが，南側には比較的規模の大きい庭を持ったヴィラが計画されている。テムズ川に面している北側の中央部分には，対岸から眺めた際のランドマークとして象徴的な建築物を計画している。

つまりバタシーパークは，ビクトリアパークに続いてロンドン市の公園整備の遅れている南側に王室が公園を計画し，土地を買収し，整備した都市公園であり，その整備費の一部をパーク周辺の住宅開発から捻出していたことがわかる。さらに，バタシーパークの場合には，他の都市基盤の整備工事とともに提言されることによって，公園整備がすすめられたという経緯があった。これは，公園を都市基盤の一部とみなし，護岸整備などの緊急性を要する事業と抱き合わせにすることで早期実現を図っているともいえ，現在の公園整備においてもとられる手法のひとつである。こうして，近代の都市整備のなかに公園整備が確実に組み込まれていくことになるが，その発端を1840年代のロンドンのビクトリアパークとバタシーパークの計画にみることができるといえる。

6. おわりに

リージェントパークの計画から開放，そしてビクトリアパークの開発に続くバタシーパークの計画と，1840年代のロンドンは公共の都市公園の整備を急速に進めた。本論は，3つの公園の形成過程を，①都市オープンスペースのあり方の議論，②公共公園の整備方法，③住宅開発とオープンスペース整備の関係性に着目しながら明らかにし，ロンドンの都市公園の整備史における19世紀の転機について考察した。

それぞれの項目について本論を通して考察されたことは，次の各点である。

① 王室の領地の住宅開発であったリージェントパークの計画が変更され開放されることとなった流れの背景には，都市化の進むロンドンに公共のオープンスペースが必要であるという時の世論があった。リージェントパークの開放における議論から，当時すでに「パーク」は一般に公開しているオープンスペースを意味していたことがわかる。英語のパークは従来，王室の狩猟場を意味していたが，ハイドパークなどの狩猟場を17世紀より開放してきたロンドンにおいては，公共オープンスペースを意味する言葉として定着していたといえる。このことは，私有物であったオープンスペースを共用化し，さらに公共化することで開発行為の進む都市にオープンスペースを確保してきた歴史的事実を示している。

② 公共のオープンスペースの必要性は，オープンスペースの少ないロンドンの東側や南側にも公共公園を整備するべきであるという主張に展開され，王室は公園整備のための土地取得からはじまる公園計画をはじめた。ビクトリアパークはその第一号であり，続いてバタシーパークが整備されることになる。バタシーパークについて言えば，その公園整備は

橋の建設とテムズ川の護岸整備といった周辺の都市基盤の整備と同時に行われたが，これは現在にもみられる公園整備の手法のひとつである。

こうした王室の領土開放から開発計画という整備方法の変遷には，公園整備の主権の交代をみることもできる。主権の交代にともない，後に述べる公園管理の主体や方法も変化することになる。

③ ロンドンには従来スクエアーという形で都市型集合住宅に付加価値をつける意味でオープンスペースが整備される開発手法があり，リージェントパーク計画にはその影響をみることができる。リージェントパークの開放後，ビクトリアパークとバタシーパークの計画においては，公園整備を中心にしながら公園周辺に住宅が整備された。これは公園整備のための財源を確保する方策であることがわかった。つまり，住宅開発とオープンスペース整備の関係において，住宅開発が主目的でありオープンスペース整備は付加価値の位置づけにあったものが反転し，オープンスペース整備のために住宅開発が行われていたことが明らかとなった。

公園整備された後の管理の方法について，最後にのべることによって本論を終わりにしたい。

公園の整備が完了していく1850年代後半ころから管理方法についても整理が行われる。リージェントパーク，ビクトリアパーク，バタシーパークとも，1851年制定のクラウン・ランズ法（Crown Lands Act）によって国務大臣の管轄に置かれ，公園は王室によって土地は所有されているが，治安を含む維持管理全般とその資金調達などを含む運営は政府に信託された。その後1993年には，文化遺産省（Department of National Heritage）の執行機関として設立されたロイヤル・パークス・エージェンシー（Royal Parks Agency）により管理されることになる[38)]。ロイヤル・パークス・エージェンシーは，ハイドパークやケンジントンガーデンズなどの9つの王室所有地のほか多くの公園を管理し，園内の安全確保や，植栽の維持管理のほかに，園内の歴史的建造物の管理も行っている。上の3つの公園のうちリージェントパークのみが含まれている[39]。

一方ビクトリアパークとバタシーパークは，第一次・二次世界大戦中には軍の用地として利用されるほか，食料の確保のための農場として利用されていた。戦後，ビクトリアパークはタワーハムレット区（Tower Hamlets Borough Council）に，バタシーパークはワンズワース区（Wandsworth Borough Council）に移譲され管理されている。つまり管理の面からみれば，王室が現在でも管理しているのは歴史的に王室が所有していた土地を公園として開放したものばかりであり，19 世紀半ばに新規に土地を購入して開発したビクトリアパークとバタシーパークなどは地元自治体へ譲渡という形で管理を移している。

自治体による地域整備の基盤が整えられた 20 世紀に改めて，19 世紀に王室が整備したビクトリアパークとバタシーパークが地元自治体へ移譲されたことは，公園整備の主権交代を明確にする手続きのひとつであった。本論を通して明らかにしたロンドンの都市公園整備における 19 世紀の転機の背景には，オープンスペースの必要性が強く認識されはじめた都市活動の拡大と，都市施設を共用する集団の拡大という都市社会の構造変化という社会背景があり，変化に合わせて都市公共施設の整備及び管理の主体も移行してきたといえる。

【注】

1) Mayor of London (2003) *London Cultural Capital, Realising the potential of a world-class city*, London: GLA, p. 116

2) Meller, Helen (2001) *European Cities 1890-1930s*, London: John Wiley & Sons Ltd., p. 1

3) Select Committee on Public Walks (1833) *Report from the Select Committee on Public Walks*, Parliamentary Papers vol. XV

4) Cannadine, David (1980) *Lords and Landlords: the Aristocracy and the Towns*

5) 坂井文（2003）「ロンドン・スクエアーの形成過程に関する歴史的研究」ランドスケープ研究 66(5)

6) Longstaffe-Gowan, Todd (2001) *The London Town Garden*, New Heaven; London: Yale University Press, p. 230
7) Building News (1858) p. 470
8) Gaspey, William (1851) *Tallis's Illustrated London*, vol. II, p. 42-43
9) Leverton, T. and Chawner, T. (1811) "Report of Leverton and Chawner, architects in the department of Land Revenue", *The First Report from the Commissioners of his Majesty's Woods, Forests, and Land Revenues*
10) The Commissioners of his Majesty's Woods, Forests, and Land Revenues (以下The Commissionersと略す) (1812) *The First Report from the Commissioners*, p. 8
11) Summerson, John (1970) *Georgia London*, London: Barrie & Jenkins, p. 165-166
12) Nash, John (1812) "Report of Mr. John Nash: an architect in the department of Woods", *The First Report from the Commissioners*, p. 82
13) Nash, John (1812) p. 83
14) Nash, John (1812) p. 85
15) The Select Committee on Public Walks (1833) p. 6
16) Hansard (英国議会議事録) (1841) April 20, p. 959
17) Times (1841) April 5
18) The Commissioners (1841) *The Eighteenth Report*, p. 8
19) The Commissioners (1842) *The Nineteenth Report*, p. 9
20) The Commissioners (1841) *The Eighteenth Report*, p. 9
21) Select Committee on Public Walks (1833) p. 342
22) Select Committee on Public Walks (1833) p. 345
23) Select Committee on Public Walks (1833) p. 345
24) Chadwick, George (1966) *The Park and the Town*, London: Architectural Press, p. 112
25) Sexby (1898) *Municipal Parks*, London Elliot Stock, p. 560
26) Poulsen, Charles (1976) *Victoria Park*, London: Stepney books and the journeyman press, p. 46
27) Poulsen, Charles (1976) p. 48
28) Sexby (1898) p. 555
29) Times (1846) May 12
30) Parliamentary Papers (1846) *The Fifth Report of Improving the Metropolis*
31) Parliamentary Papers (1845) *The Third Report of Improving the Metropolis*
32) Parliamentary Papers (1845) *The Fourth Report of Improving the Metropolis*
33) Parliamentary Papers (1846) p. 5
34) Times (1846) May 12

35) Roebuck, Janet（1979）*Urban Development in 19th-Century London, Lambeth, Battersea & Wandsworth*, London: Phillimore, p. 46

36) Parliamentary Papers（1844）*The First Report of Improving the Metropolis*

37) To Empower the Commissioners of Her Majesty's Woods, & C, to from a Royal Park in Battersea Fields (9 & 10 Vict., c. 38)

38) Department of National Heritage（1993）*The Royal Parks*, p. 21

39) アンジェラ・デイヴィス（2002）ロイヤル・パークス・エージェンシー，公園緑地, vol. 63, no. 1, pp. 38-42

第7章

ガーデン・シティ再考

――アングロ・サクソン文化における楽園都市探求の系譜――

黒沢 眞里子

序

エベネザー・ハワードと彼が考案した田園都市は，都市計画を学ぶ学生だけでなく，英米文化・文学を学ぶ学生も一度は耳にする名前だろう。実際に私も英文科でアメリカ研究を専攻する学生時代に，おそらくエドワード・ベラミーのユートピア小説『顧りみれば』（*Looking Backward 2000-1887*, 1888）とのつながりでハワードについて知ったと思う。ハワードが日本に紹介されたのは，彼の著書『明日の田園都市』（*Garden Cities of Tomorrow*, 1902）が世にでてからわずか5年後の1907年である。その後日本でも田園都市をモデルとした田園調布がつくられ，本家のガーデン・シティとは大きく異なっていたにもかかわらず，そこを住居として選択した住民のみならず，戦後の田園都市開発にもみられるように多くの日本人の心を摑んだ。

英米の都市計画の歴史から見てみても，エベネザー・ハワードの田園都市構想は，20世紀に展開するシティプラニングの思想，実践のなかでももっとも初期の，もっとも重要なものとして位置づけられている。しかし，ハワード自身は速記者であり，建築家でもランドスケープ・アーキテクトでも造園家でもなかった。また，ハワードの構想は必ずしも正確に理解されずに，誤解されることが多かった。それなのになぜ，ハワードの田園都市構想はその後英米のみならず，世界に広まり理想都市のイメージとして追求されてきたのだろうか。その伝播力の源を探るためには，田園都市構想が表明する思想だけでなくそれが含意する文化的意味を考える必要があるだろう。たとえば，アングロ・サクソン文化における「ガーデン」と「シティ」の意味である。田園都市思想の思想的，建築学的，経済学的，社会学的研究はこれまで多く行われてきた。ここではそれを参考にしながら，文化的側面から田園都市がイメージする世界にもう一歩踏み込んでみようと思う。

私自身はアメリカの墓地史が専門であり，都市計画や設計を専門に研究しているわけではない。しかし，19 世紀の墓地の歴史を見てみると，都市の過密化によっていち早く郊外に脱出したのは他ならぬ墓地であった。しかも，ただ都市を離れただけでなく，自然の豊かな地に「ガーデン」の世界を構築することを夢見た。しかも，その設計はきわめて本格的なものであり，19 世紀の墓地設計は当代随一の設計家が行うことが多く（19 世紀半ばともなると職業的訓練を受けた造園設計家が現れ始めた），都市公園や郊外住宅地に影響を与える立場にあったくらいだ。初期のランドスケープ・アーキテクトは都市や住宅の設計だけでなく，墓地の設計もよくやった。墓地研究と都市設計は意外なところでつながっている。最近では，都市の緑地や都市公園，国立公園の歴史を論ずる際に，墓地の果たした役割がようやく言及されるようになった。

ハワードが影響を受けた，ベラミーのユートピア小説『顧りみれば』を考えてみよう。このなかで，主人公のジュリアン・ウェストが地下の寝室で催眠術によって 2000 年までの間眠ってしまうのは，ちょうど恋人といっしょに彼女の兄が眠るマウント・オーバーン墓地に墓参りに行った日であったと記されている[1]。現代のわれわれが読むと（たとえアメリカ人であっても）このことが特別な注意を引くことはまずないだろう。しかし，このマウント・オーバーンこそ，ジュリアン・ウェストが住んでいた時代には有名な墓地「庭園」だったのだ。ここに墓地をもつことは，ボストンの高級住宅街に住むのと同じステータス・シンボルだったのである。それだけ墓地が重要な社会的意味を持っていた。

墓地研究の専門家となった後にハワードの田園都市構想を再考すると，以前は気づかなかったことに気づかされる。まず初めに思ったことは，ハワードはガーデン・シティを完全に自律した都市として計画しているが，なぜ墓地がその計画に入っていないのかということだ。学校も，美術館も，教会も，ショッピングアーケードもあるのに，墓地がない。ゼロから新しい町をつくる場合，墓地は必ず必要なものだ。墓地が具体的に言及されなくても，教会のヤードが墓地であることは大いにあることだ。ハワードの計画では教会は言及されているが，それに付設して墓地が設けられているかどうかはまったく触れられていない。

このように，これまで田園都市研究であまり注意を払われてこなかった視点から眺めてみると，これまで充分なされてきたと思われる研究がさらに立体的に立ち上がり，より深い理解が得られることがある。ハワードの田園都市構想に関する研究の系譜のなかに付け加えるものはないのだが，本論では視点を変えてこれまで田園都市研究で見落とされてきた側面を考察し，そこから問題を提起して，さらなる研究の刺激となることを目的としている。

まず，第1節ではハワードの田園都市構想を歴史的・文化的な意味から再度読み込んでみる。とくに，「ガーデン」と」「シティ」の文化的意味に焦点を当てたい。それぞれにどのような思想的意味が付加されているのか，それぞれが現代の文脈のなかでどのような意味として理解され，具体的な形として現れているのかである。

第2節では，ハワード研究で手薄となっている彼のアメリカでの体験に焦点を当てつつ，アメリカにおけるガーデン・シティの系譜をたどる。しかしながら，ハワードのアメリカ体験についての詳細な研究はまったく見あたらない。ハワードの死後，近親者が彼の私的文書を多量に処分してしまったようである。そこで，ハワードが農夫として移住したネブラスカとその後に数年滞在したシカゴの状況を見ることによってハワードが体験したであろうアメリカを考えてみたい。ハワードが急激に発展しつつあった西部にやってきたことは，ガーデン・シティのイメージを考える上で重要であると考える。シカゴがガーデン・シティと呼ばれていたことはよく言及されるが，それだけでなく土埃の舞うおよそ町とは言えないような僻地が（ネブラスカのすぐ隣のカンザスにおいて），すでにガーデン・シティと名づけられていた。ガーデン・シティという名前には，現在の困難な状況にすこしでも安らぎを与えるような，未来のヴィジョンが強く内包されている証拠ではないだろうか。とくに，英米のアングロ・サクソン文化において，ガーデン・シティがノスタルジアとともに未来をも喚起するキーイメージをもつ言葉であることはまちがいないだろう。

第1節　ハワードのガーデン・シティ再考

「ガーデン」と「シティ」の意味

ガーデン・シティという言葉が２語でできているということから話を始めよう。「ガーデン」と「シティ」である。それぞれの文化的意味について探ってみたい。なにしろ，ガーデン・シティの用語は各国の現代語に新しい術語を加えたほど影響力があった言葉だ（Garden City, Cité-Jardin, Gartenstadt, Cuidad-jardin, Tuinstad, 田園都市など）。それなのに，F・J・オズボーンが『明日の田園都市』（1945 年版）の序文で嘆いているように，この言葉は最初から誤解され，曲解され，ほとんど正反対の意味で使われているという[2)]。この言葉のこのような運命からして，それが本来もっている文化的意味を検討しておくことは，ガーデン・シティ理解の第一歩だろう。

「ガーデン」は「楽園」である

英語で「ガーデン」といえば，ユダヤ・キリスト教文化ではエデンの園をさす。そこは，美しい場所で完全なる愛と調和が存在する。『地上楽園』を書いたバートレット・ジアマッティによると，「完璧な安らぎ」と「心の平静」が得られるような場所は必ず「ガーデン」として記憶されるそうだ[3)]。

そしてそれは，「地上楽園」である。楽園を意味する英語のparadiseはもともと古代ペルシャ語を起源とし，ペルシャ王の囲まれた狩猟場または果樹園を意味した。これがユダヤ・キリスト教文化の文脈のなかで，2つの意味を獲得する。ひとつは地上楽園であるエデンの園と，もうひとつは祝福された死者たちの住処，天国である。このように，「ガーデン」が「エデンの園」，「パラダイス」と離れがたく結びつき，「ガーデン」は肉体的，精神的な安逸が得られる理想郷というヴィジョンを強く内包する言葉となった。

日本でガーデン・シティが最初に翻訳されたときには「花園市」と訳されたそうだが，その翌年には内務省地方局有志により「田園都市」と訳されこれが定着する。樋口忠彦が指摘するように，もし「花園市」または「花園都市」と訳されたなら，この言葉が日本に広まることはなかったかもしれない[4)]。「田園」という用語が，田舎や農村を好ましい場所として見る都会人の眼差しをもっているため，欧米人の「ガーデン」と同じようなある種の憧れを喚起する力をもっていたのだろう。樋口はそこに，田園都市が日本では農村の光景と混同された原因を見ている。ここでも，異なる文化の文脈のなかでの混乱が生じている。

当時東京帝国大学農学部教授であった横井時敬の訳「花園市」にもう一度戻ろう。「ガーデン」イコール「花園」というイメージは確かにインパクトに欠け，何かが欠落しているように感じる。英語で「ガーデン」，もっと狭めて「イングリッシュガーデン」という場合，それはもともと花卉のある花壇のような小振りのものではなく，広大な風景のなかに広がる自然風庭園であった。別名，風景式庭園（ランドスケープ・ガーデン）と呼ばれた所以である。それと対照的な花壇の庭は「ガーデネスク」と呼ばれ，ヴィクトリア朝時代に造園法の一つの潮流となる。ヴィクトリア朝時代の人々が「ガーデン」から想像するのは，そのような花のある風景だったかもしれない。その点で「花園」はあながち的外れな訳でもないかもしれず，日本語の「花園」には死者の天国との連想もあるので，ますます楽園としての庭に近いかもしれない。それでも現代人が花園という言葉に心をかき立てられる魅力をほとんど感じず，人から顧みられない言葉になってしまったのは，「ガーデン」のような歴史的・文化的意味を欠いているからだろう。といっても，横井時敬は，当時ハワードの考えには反対で，都市サイド偏重と批判しているということだから[5]，あんがい陳腐な言葉をあえて使ったのかもしれない。

いっぽう西洋文化のなかの「ガーデン」は古代ペルシャからギリシャ・ローマ文化を経て，ユダヤ・キリスト教文化と積み上げられてきた重層な意味の世界に立脚した人類永遠の憧れの場，トポスを喚起する魅力をもっていることがわかる。ガーデン・シティが誤解されるのは，そのような意味の豊かさ故であり，言葉がもつそのダイナミズムがガーデン・シティの思想を世界に広く普及させた理由だろう。

「シティ」もまた「楽園」である

もし「ガーデン」が物理的，精神的悩みから解放された「楽園」であったとしたら，「シティ」はどうだろうか。こんどはこの点について考えてみよう。ユダヤ・キリスト教の伝統では，真の信仰を得る過程は，魂が迷いさすらう荒野（wilderness）から神の国（City of God）へと至るイメージで語られる。巡礼者が最後にたどり着くのは，天国（heavenly city）であり，それは新しいエルサレム（New Jerusalem）とも表現される。「ガーデン」とともに「キングダム」や「シティ」も神の国を示す隠喩として用いられる。「シティ」のイメージはとくにユダヤ人が天国をエルサレムと同一化することによって強化されてきた。「シティ」といっても，ヨハネの黙示録で描写されている新しいエルサレムは，城壁はあるものの建物や塔などがある具体的な「シティ」としては描写されていない。巨大な正立方体の形をした都市である。

ダンテの『神曲』では，エデンの園と天国が，言葉をかえれば「ガーデン」と「シティ」が最終的に完璧な「結婚」を果たしている[6]。巡礼者は最後にエデンの園にやってきて，そこから天国に昇って行くのだが，エデンの園も，天国も最初はお互いに不完全なイメージで巡礼者の前に現れる。「ガーデン」は「シティ」の，「シティ」は「ガーデン」の不完全なイメージで語られるからである。しかし，この不完全さは欠点ではなく，天国を完全にイメージすることは不可能なので，魂がその溝を埋めなくてはならないという意味である。最後に巡礼者の前に現れる天国はきわめて象徴的な世界である。しかし，その世界がバラのイメージで語られ，その成長，香り，常春という描写が「シティ」に「ガーデン」の主要な要素をとりもどしていると，地上楽園の研究家ジアマッティは指摘している[7]。

「シティ」もまた「楽園」なのである。この隠喩から読み取れることは，「ガーデン」は「都市」に完成された構造ではなく，成長の要素を与える役割をしているということである。都市という空間に，人間的な時間を刻み込むだけでなく，植物の循環的な時間により，人間の時間を超えた永遠の命すら展望させることができるのだ。ハワードは，『明日の田園都市』のなかで，ガーデン・シティの構想を「きわめて不完全な形で提案している」と述べているが[8]，その「不完全さ」とは当然ながら「やっつけの仕事」ではなく，多くの成長の可能性を示唆するということなのである。

ハワードの関心が都市設計よりも社会改革にあったとしても，ハワードの本のタイトルが『明日――真の改革にいたる平和な道』（1898年）から，『明日の田園都市』と変更された時点で，彼の提案は社会改革を超えて，地上楽園を求める（建設する）西洋文化の長い歴史の文脈のなかにいっきに飛び抜けてしまったといえる。そこにガーデン・シティが成功した（あるいは失敗した）真の理由があるのではないか。

次に，ハワードが提唱するガーデン・シティの特徴について再検討を加えたい。

「都市」と「田舎」の結婚

ハワードの田園都市思想のもっとも特徴的な思想は，「都市」と「田舎」の結婚であることはよく知られている。今まで説明してきたことからすると，この「都市」と「田舎」もつまるところ「シティ」と「ガーデン」の結婚という地上楽園の追求の系譜につながる。これは，都会の利便性と田舎の美徳をあわせもった「ピクチャレスクな」（絵のように美しい）環境を創造する運動となり，イギリスでは富裕層の「パークエステイト」となって結実する。アメリカではとくに新大陸「発見」以来，アメリカ自身が「エデンの園」のイメージで強力に語られてきた伝統もあり，またイギリスの貴族階級のエステイト（田舎に建てられた大邸宅）への憧れから19世紀ともなると富裕層は都会の喧噪を離れ郊外の自然に囲まれた美しいピクチャレスクな環境を求めた。都会からそれほど離れてはいない「郊外」こそ，「都会」と「田舎」が結婚した理想空間だったのだ。たとえば，当時アメリカでもっとも活躍した造園家アンドリュー・ジャクソン・ダウニングはパストラルな風景のなかにロマンチックな家を建てることを提唱し，それが造園・建築のひとつの伝統をつくっていく。

序で述べた通り，アメリカで，「都市」と「田舎」の利点をあわせもった中間地を強力に推進し，それを全米に広めた先例が1830年代に登場した田園墓地であった。詳細は拙著『アメリカ田園墓地の研究――生と死の景観論』で論じているが，都市と田舎の利点を一貫して訴えたのがほかならぬ墓地だった。過密化した都市から墓地を移すときに，都市から遠からず，近からずの自然に恵まれた土地が選ばれ，そこを風景式庭園でデザインした。イギリス人から美しい庭も邸宅もない粗野な国と批判されていた独立後半世紀を過ぎたばかりのアメリカで，田園墓地はその美しさ故に大成功をおさめ観光名所とさえなった。墓地訪問者のために書かれた案内書にはかならず，「都市」と「田舎」の利点をもった自然の豊かな地が選ばれ，厳かに死者に奉献されたと宣言している。田園墓地の魅力は絶大なるものがあり，瞬く間に全米各都市に同じ形式の墓地が広まっていった。これがひとつの墓地景観のトレンドとなるに至り，ナイアガラ・フォールズという人口わずか1500人の町でさえ，町の誇りの田園墓地を開設した。「都市」と「田舎」は完全に実体を超え，死者の楽園，Elysian Field というトポスに記号化されたのである[9)]。

このエリジウム（Elysium）はギリシャ神話の死者の住む楽園である。これがキリスト教に取り込まれ，地上楽園を意味するようになった。ホーマーの『オッデュセイア』ではエリジウムは，人間にとって生活が安楽な夢のようなところで，雪も降らなければ，霜も降りず，大雨も降らない理想の世界，黄金時代と描写されている。住環境のひとつのユートピアが自然の天候に左右されない快適な環境とするならば，エドワード・ベラミーの『顧りみれば』の未来の理想都市でもそれが追求され大雨が降っても長靴なしで外出できることが描かれている。雨になるとすべての通りには覆いがかぶさるような仕組みができているからだ。それを私企業ではなく，公共事業としてやっているので，まばらに非組織的に設置されることもなく決して濡れることがないというのがみそである[10)]。ハワードの田園都市も，防水（ウォーター・プルーフ）都市の理想を反映している。ガラスの屋根で覆われ，気候に左右されないアーケードを考案しているからだ。ところで，天候に左右されないユートピアということで思い出されるのは米映画『カラー・オブ・ハート』（原題 *Pleasantville*，1998年）である。家庭生活に不満をもつ現代っ子の高校生が幸せな家庭生活を描いた往年のテレビドラマに入り込んでそこで生活をするはめになるというストーリーである。そこは，雪や雨が降らないばかりか，火事も犯罪も起こらないまさに理想郷として描かれている。それはアメリカがもっとも輝いていた黄金の1950年代で，舞台は郊外住宅地なのである。それが，戦後50年代からアメリカン・ウェイ・オヴ・ライフの象徴となるガーデン・サバーブの世界であるということは示唆に富んでいる。死者の楽園，エリジウムから始まった地上楽園の系譜は，ガーデン・サバーブを通じてきわめて世俗的な形となりながら現代にも連綿と続いているのである。

進行しつつあった産業社会のアンティテーゼとして19世紀に造られた田園墓地は，死者を相手にしているため，彼らの合意を得る必要もなくきわめて大胆な形で理想郷が造られ，それが「都市」と「郊外」の中間地として，案内書や講演や雑誌や新聞等の記事を通じて大々的に宣伝された。それが死者の住処であるために楽園のイメージはさらに非日常性をもち人々の想像を膨らませたのだろう。19 世紀も半ばを過ぎると，生者をそのような風光美に恵まれたピクチャレスクな環境に住まわせる郊外住宅地のプランが登場してくるが，そのときにはすでにアメリカ人の理想の環境イメージのなかには，「都市」と「田舎」の結婚という概念はすっかりと定着していた。最初にその運動を牽引したのが墓地であったために，簡単に模倣され，瞬く間に広がった。これも都市改革のひとつであったが，墓地が先行したことによって郊外の理想のイメージがすみずみまで行き渡るという効果を生じせしめたのだ。この点が，同じアングロ・サクソン文化のなかの庭園文化を共有するイギリスとやや事情が異なる点である（もちろん墓地改革はイギリスでも焦眉の問題であったが，既存の教会の反対などのためにアメリカほどスムーズには進まなかった）。アメリカにガーデン・シティの変形であるガーデン・サバーブが勢い広まった理由がこれで明らかだろう。

アメリカの郊外住宅地のもっとも初期の，もっとも優れたモデルとされるシカゴ郊外のリヴァーサイドを設計したオルムステッドも，この伝統を踏襲し，この郊外住宅地の特徴として「都市」と「田舎」の「ふさわしい組み合わせ」（happy combination）を唱えている。荒野に突如出現した都市はいまも荒野の記憶を残していると言うときに，オルムステッドの頭のなかでは，中西部の荒野（wilderness）とそこに建設されつつあったブーミング・タウン，そして旧約聖書の荒野とニューエルサレムとが瞬時に二重写しになったに違いない[11)]。このリヴァーサイドは，ハワードがシカゴ滞在中に影響を受けたと考えられる重要な郊外住宅地である。

しかし，ハワードのガーデン・シティはこのような中間地としての郊外住宅地ではなく「都市」であるという。では，その都市性とは何なのか，田園都市の内部にさらに入り込みその鍵要素を検討してみよう。

都市の「壁」は水平に倒された

ハワードがガーデン・シティを構想した動機のひとつは，膨れ上がる都市人口をコントロールすることだった。都市には人を引きつける強力な魅力があるのに，都心部の過密化したスラムに住む多くの住人たちはそのような都市の魅力を享受できない環境にいる。都市を健全な姿にするためにも，都市の規模は制限されなくてはならない。19世紀末イギリスはアメリカやドイツの追い上げはあったものの堂々たる工業大国であった。また，1870年代になるとアメリカ中西部の穀物が今までにない規模でイギリスに入ってきて，イギリスの農業に大打撃を与えた。その結果農業人口が大量に都市に流れ込む現象が引き起こされた。ちょうどハワードがアメリカに移住したのもこの時期であり，その中西部で農業に従事するためだった。ハワードは，この時代の国際経済の大きなうねりを身をもって体験したのだ。ハワードの伝記を書いたロバート・ビーヴァーズは，このような状況に加えて自然増，つまり出生率が初めて死者数を上回るという人口動態学的に未経験の変化も加わり，都市に，そしてなかでもロンドンに人口が集中していった事情を説明している。グレイター・ロンドン地域では，1871年から1881年の10年間で90万も人口が増え470万を超えた[12)]。このようにして，都市への住宅集中が都心部のスラム化と住宅問題を引き起こした。

19世紀前半に誕生したアメリカの田園墓地の状況を考えてみると面白いことに事情がよく似ていることがわかる。田園墓地が誕生した時代は，エリー運河の完成によって五大湖とハドソン川が直結し，中西部の穀物が大量に東部に流入し始めた時だった。ニューイングランドの農民たちはこれによって大打撃をうけ農業方法の変更を余儀なくされた。つまり，肥沃で広大な西部の農業に太刀打ちできないことは目に見えているので，小規模な農地を有効利用するために労働集約的で市場向けの園芸農業などに転換せざるを得ず，それが奨励された。まさに「フィールド」から「ガーデン」への変換である。この流れを促したのはイギリスとは異なるもうひとつの事情があった。アメリカでは長子相続制を廃止したので，広大な農地も数世代のうちに細かく分割され，農業だけで十分な暮らしができなくなることが問題となっていた。田園墓地はまさにそのような農業の危機に直面していた東部のニューイングランドから誕生したのである。もっともアメリカの場合は，東部の農業を見限った者は都市だけでなく，西部に移住するという選択もあった。

19 世紀末のハワードの田園都市構想は農業の世界市場化が引き起こした農業危機の時代に，さらに都市人口が農村人口を上回り，イギリス全土が潜在的に都市化する可能性がでてきたときに登場した [13]。ハワードの田園都市の農地を見てみよう。ここで生産される農産物について説明するときに，既に農産物は世界各地からぞくぞくと輸入されていることをはっきりと認めそれを前提として構想されている。それで，「紅茶，コーヒー，香辛料，熱帯産果物，砂糖など」を供給するのは不可能であっても，小麦や小麦粉は供給可能かもしれない，たとえ，アメリカやロシアとの競争は相変わらず厳しいかもしれないが，と説明されている [14]。前者が嗜好品であるのに対して，後者は主食である。先に指摘したように，1820 年代から始まったアメリカの市場経済化でも庶民がまず反応したのは西部からの小麦の流入だった。その不安は，食の改革運動となって現れ，シルベスター・グラハムは，母親のつくったパンを食べようという運動をアメリカで起こす。誰がどこでつくったかわからない小麦を使って，誰がどこで焼いたかわからないパンを食べるのをやめようと主張した（彼の食の改革運動は，グラハムクラッカーの名前として名残りをとどめている）[15]。日本人が米に対してもっているのと同じ集団的，心理的執着を，西欧人の場合には小麦に見ることができる。ハワードが特に小麦や小麦粉に言及していることは，グラハムの場合と同様に社会がいかに大きな変化にさらされているか示していると言えるだろう。

ハワードの農地の説明は，田園都市の他の施設，たとえば水晶宮の説明などに比べると，ずいぶんと絶望的な調子である。アメリカやロシアとの過酷な競争下でも，「ひとすじの希望の光」があるかもしれないというのだ [16]。それは，ガーデン・シティの小麦であれば地元の農産物であるので他国からの輸入に要する経費がかからないからとうメリットなのだが，それが優位性を保っていられるのも時間の問題だろう。近郊農業の利点として市場が不安定な野菜と果物の生産が可能な点を挙げているが，これもアメリカのニューイングランドで奨励されたことだった。

さて，ハワードは都市の人口を制限するために田園都市では都市部の住民を 3 万人とし，それを半径約 1.2 キロメートルの円から成る市街地に住まわせる案とした。西欧文化の「シティ」と「ガーデン」の意味をこれまで見てきたが，両者に共通するのは「囲われている」とうことである。「ガーデン」が「パラダイス」とのっぴきならない関係になったときに，それは決定的となった。オギュスタン・ベルクは，西欧では，都市を限る境界，つまり田園の始まりを示す境界がはっきりしているのが特徴であると述べている[17]。都市は何らかの形で囲まれていたのだ。多くそれは目に見える城壁という形をとった。現代人にはピンとこないかもしれないが，ヨーロッパでは都市というものは歩いていくと端にぶつかり，そこからは都市とははっきりと異なる田園の風景が広がっているという造りである。それを「ウォーキング・シティ」という。それが 19 世紀ともなってくると，都市に人口が集中するようになり，歩いても端に至らないような都市が登場してくる。エンゲルスは 19 世紀半ばのロンドン体験を「いくら歩いても端に行きつかない奇妙な町」と述べている[18]。都市の伝統的な形が変化していることに違和感を覚えた人間がいたのだ。かつてロンドンはローマ支配下でつくられた市城壁で囲まれていた。

ハワードは都市にこのような物理的境界をもう一度取りもどそうとした。しかし，新しい時代にふさわしい形をとった。つまり，垂直に立つ中世都市の城壁の代わりに，水平に広がる「グリーンベルト」という緑地帯を採用したのだ。一見すると景色は遮る物がない連続したオープンスペースに見えるが，実際はその手前で都市は止められている。

このオープンスペースこそ，庭の文化史のキータームでもある。拡大する英国庭園の歴史のなかで，庭に牧歌的な趣を添える役割もする羊や牛を囲うための垣根がとり払われ，遠くからは目に見えない溝を掘った隠れ垣，ハーハー (ha-ha) が考案されたことが思いだされるだろう。これは，広大な領地を誇る貴族階級のさらなる勢力拡大のポーズであるとともに，そもそも自然風と呼ばれた英国式庭園の自然な成り行きだった。この事情に関しては，川崎寿彦の『庭のイングランド』がイギリス支配階級の拡張主義を庭との関係で記号論を駆使して巧みに分析している。塀で囲うか囲まれるか，塀（フェンス）の文化史はそれだけでとても深い内容を含んでいるのだが，田園墓地との関係でひとことつけ加えるにとどめよう。田園墓地は郊外に進出するにあたってそれまでの墓地とは異なり初めて周りを壁やフェンスで囲った。囲まれた墓地は風景庭園として設計されるのだが，その必然的な結果として統一された景観が重視されるようになり，その後の展開で内部は逆に個々の墓の周りのフェンスは取り除かれ，芝生が広がるオープンスペースへとデザインの潮流が変わっていく。ピクチャレスクな庭園型景観から「パーク型」景観への変化である。この景観の嗜好の変化を，地理的移動（東部から西部へ），時間的変化（19 世紀前半から後半へ）から説明したのが，拙稿「19 世紀後半における田園墓地の西部への進出」(『専修人文論集』2003年）である。そのなかでも述べたことだが，この延長線上にあるのが，オープンスペースのなかに美しくアレンジされたアメリカの郊外住宅地なのである[19)]。

ハワードも中世回帰を指向しながらも確かに，このオープンスペース偏愛の現代的趣味のなかに生きている。それで，中世の壁は横に倒され都市を取り囲むグリーンベルトとなって置かれた（ダイアグラムでは扇形に描かれている)。その結果どうなったか。「気づかなければ通り過ぎてしまう」境界になってしまった。グリーンベルトは確かに都市の膨張を食い止めるかもしれないが，目には見えない存在になってしまったのだ。これでは実質的な都市の境界になり得ても，心理的な境界とはならない。中世の都市の壁は，都市をそこで食い止めると同時に，外に向かうエネルギーを中心に向かわせる働きもしたからだ。中心にはたいてい，人々を磁石のように引きつける意味ある建物や記念碑などが置かれていた。そのような精神のオリエンテーションを促す構造によって都市を体験する者に意味ある空間を提供していたのだ。

写真１　ウエリン・ガーデン・シティの噴水

そもそも，ハワードの田園都市にはそのような都市の中心，フォーカル・ポイントとなるところがあるのだろうか。次にそれを考えてみたい。

「ガーデン」の中心を飾るのはほかならぬ噴水

田園都市の中心を見てみよう。ハワードの説明によると，町の中心には２ヘクタールの円状の，“well-watered garden” があると説明されている。“Well-watered” とはどのような意味なのだろう。文字どおりは，瑞々しい緑や花々があふれ，おそらくその中心には勢いよく水を噴き上げる噴水があるようなそんな風景が思いうかぶだろう。まさに，水と緑あふれる楽園である。しかしそれだけではない。この言葉には聖書の含みもあるのだ。聖書に馴染んでいる人なら「あなたは，潤った園（well-watered garden）のように，水の絶えない泉のようになる」というイザヤ書がすぐに思い出されるだろう。ガーデン・シティの中心にあるのは，砂漠のなかのオアシスのような，人に安らぎを与える精神的意味をもった庭が表象されたものなのだ。現実のガーデン・シティをみると，やはりレッチワースもウエリンも大きな噴水がガーデン・シティの中心に造られている（写真 1)。庭と水は離れがたく結びつき，欧米人の心の中ではより具体的なメドウ（草地）の風景として強い郷愁を呼ぶトポスを形成しているのだが，この点はアメリカのガーデン・シティのところで再び触れたい。

そもそも，人が集まって町を形成するようになる場所は，涸れることのない泉があったり，移動する人が必ず定期的に戻ってくるような場所がその起源であった。それには，死者の埋葬地も含まれるのだが（死者は最初の定住者というわけだ)，そのようなものが人を引き付ける磁石となり，都市が形成される。ガーデン・シティの都市づくりは，都市の起源としての泉を象徴的に噴水として中心に据えた。中央のフォーカル・ポイントとしての噴水は，田園都市の祖型的要素と言っていいだろう。それを裏付けるように，日本で田園都市をモデルとして造られた田園調布は，その放射状に区画された中心に駅舎と噴水が構成するローターリーを配している。さらに，レッチワースをモデルとした大阪府吹田市の千里山西住宅地も，放射状に区画整備された中央に，「千里山第一噴水」が造られている。さらに，千里山駅からこの噴水までの道はレッチワースロードと呼ばれているそうだ。大規模な噴水の使用は後期ルネッサンス庭園からマニエリスム庭園の特徴であるが，より自然の風情を強調した風景庭園では水のしつらえは，人工の池や自然の川の形をとった。田園墓地のモデルとなったボストン郊外のマウント・オーバーン霊園では噴水は人工的であるとして当初噴水の設置は反対された。田園墓地の英語は文字どおり rural cemetery で，より自然な景観を好んだためだ。貴族的な奢侈が嫌われるといったプロテスタント国アメリカの趣味を反映してもいた。これが，19 世紀も後半になってくると，田園墓地に噴水が登場しはじめ，ピクチャレスクな自然風景観（緑陰の瞑想の場）から人工的で明るい公園へとその姿が変わっていく（写真 2, 3)。人が死者とのスピ

写真２　1830年代設立当初のマウント・オーバーン霊園のピクチャレスクな景観

写真３　19世紀後半のマウント・オーバーンの噴水と公園風の景観

リチュアルな交わりに関心をもたなくなるのと並行して生じた景観の変化である。

水に関連してもうひとつだけ指摘しておこう。ハワードの『明日の田園都市』の第1章の町の設計のところでは述べられていないのだが，第3章の田園都市の歳入を説明したなかに，中央部に置かれる施設としてスイミング・プールが挙げられている。今でこそ学校や教会とともにスイミング・プールが挙げられていることに違和感はまったくないが，ヴィクトリア朝時代の事情はどうだったのだろうか。イギリスではプールがスイミング・バスと呼ばれるように，洗濯施設も備わった公衆浴場に併設されるかたちで発展した。1842年には，イギリスで初めて労働者階級のための浴場がリヴァプールに造られている。イギリスではこのような施設では，通常の男女の区別に加えて階級による区分がされていた。1844年には労働者の浴場・洗濯施設を促進するための法律が通り，1848年にはロンドンのパディントンで浴場と洗濯場とともにスイミング・プールが造られた。これが呼び水となり，ロンドンでこのようなバス・ハウスが盛んに建てられ，1854年にはロンドンで13もの同様の施設が存在していたという[20)]。ハワードの子供時代にはこの種のスイミング・プールが馴染みのものだったろう。ハワードの家は，ロンドンの下層の中産階級であったというので，家に風呂の設備はなくてこのような大衆浴場をたまに利用していたかもしれない。しかし，浴場と併設されていたスイミング・プールから現代的なプールとして広まるのはずっと先のことで，そのきっかけになったのは，1896年に開かれたオリンピックだった。水泳が競技種目に加えられたのである。ハワードの本が出版されたのはその2年後であるから，ハワードは，大衆浴場が流行し始めた時期から，大衆的な浴場から分離して独自の道を歩み始めるスイミング・プールの歴史を自ら体験していたことになる。それは新たな衛生・健康観念から出発して運動競技と見なされるようになり，ついには個人の庭にまで取り込まれるプールとブルジョワ階級の関係の歴史の始まりともいえる。1903年にマンチェスターに大規模な市民プールも含めた大浴場が建てられたとき，当時家に風呂のある家庭がきわめて限られていたので，大いに繁盛したというので，ハワードが風呂の設備をどう考えていたのか興味あるところだ。ここでも，大衆浴場，スイミング・プールとも男性ファーストクラス，男性セカンドクラス，および女性用と３つに分かれ入り口がそれぞれ異なっていた[21)]。ハワードの田園都市は社会階層のミックスを謳っているので，そのような区別を設けることは考えづらい。しかし，アメリカで田園都市をモデルとして造られたニュージャージー州のラドバーンは，最初入居者に人種的な制限を設けていた。肌と肌が触れあうもっとも親密でプライベートな施設を，階級意識が強く残るイギリスでどのように構想していたのか興味のあるところだ。何しろ，マンチェスターではプールを男女共用とすることにもさまざまな議論が起こり，男女共用にした後にも毎週のように問題点を議論する会議が開かれていたというから，階級の問題だけでなく，男女間の道徳の問題もはらんでいたようだ。

町の中心を飾るもうひとつのシンボル，水晶宮の意味

ガーデン・シティの中心にある庭園を囲んでいるのは，市庁舎や公会堂や，劇場，図書館，博物館，美術館，病院といった公共建物群であるが，その外側に「セントラル・パーク」と呼ばれる公園が続いている。それを取り囲んでいるのは，「水晶宮（クリスタル・パレス）」と呼ばれるガラス張りのアーケードだ。水晶宮といえば，いわずも知れたヴィクトリア朝最大のイベント，ロンドン大博覧会で展示会場としてつくられた総ガラス張りの巨大建造物である。この博覧会は，ハワードがちょうど１歳２ヶ月の乳飲み子であった1851年に６ヶ月間ロンドンのハイドパークで開催された。19世紀の博覧会ブームをつくりだすきっかけとなった最初の万国博覧会であり，世界に冠たるイギリスの実力を内外に見せつけた記念すべき出来事であった。別名水晶宮博覧会とも呼ばれるように，鉄とガラスからできた巨大な建物はそのもっとも輝ける時代のシンボルであった。建物の屋内には，ハイドパークに生えていた巨大な樹木がそのままのかたちで内部に取り込まれ，緑の植

写真４　水晶宮の内部（1910年頃発行された『ロンドンと水晶宮のアルバム』より）

物があちこちに配置された巨大な温室さながらであった。

ヴィクトリア朝イギリスはまさに温室が大流行した時代だった。川崎寿彦によると，温室の歴史は，イギリスの特権階級の間に流行したオレンジ栽培のための温室「オレンジェリー」から，植物の緑を保存するための「グリーンハウス」，さらには「コンサーヴァトリ」とも呼ばれるようになり，貴族趣味的な嗜好からより民主的で広い対象物を含む傾向を反映するものだった。ヴィクトリア朝の温室は，「コンサーヴァトリ」という，庶民的な響きの「グリーンハウス」に比べると少々もったいぶった用語で呼ばれる傾向が強まった。川崎は，これを民主的な趣向の流れのなかの「語法上の反動現象」としているが[22]，グリーンハウスに飽き足らなくなってきた庶民のより大掛かりな温室空間を求める下からの突き上げとはとれないだろうか。

いずれにしても，ロンドンで小さな小売業を営む下層の中流階級であったハワード家も，この水晶宮を見て輝かしい時代のイギリスを実感したに違いない。水晶宮は博覧会開催後，解体され形を変えてロンドン南西部のシドナムのレジャー・センターに移築された（写真4）。この大温室に人を呼び寄せるため鉄道まで敷設され，水晶宮は完全に庶民に開放されるに至る。イギリス人貴族階級が飽くことなく追い求めた冬の庭（winter garden），つまり冬でも常春である庭がついに庶民も享受できるものとなったのだ。水晶宮の建設にあたっては，庶民に開放することが暴動の原因になりはしないか大いに議論されたというから，移築後の運命も含めて水晶宮の存在はまさに時代の趨勢を映す鏡だったといえる。

ハワードが思い描く水晶宮というのはシドナムに移転されてレジャー施設となった大温室の姿だろう。水晶宮を屋根付きアーケードとして使うだけでなく，誇らしげに大文字で表わし“Winter Garden”にも使うと言っている。それが，長期に続くもっとも魅力的な目玉になるだろうとのもくろみだった。彼が思い描いていたのは『明日の田園都市』の7章でも述べているように，ショッピングだけでなく，総合的な娯楽施設，現代でいえばショッピング・モールのような姿である。

移転後の水晶宮だが，この偉業を成し遂げた総監督のパクストンは，この公園を多くの噴水と人工滝であしらった水と緑の一大パラダイスに変貌させた。ここでも，ガラスの建物とともに噴水がアトラクションとして使われている。さらには恐竜の複製などが展示され人気を誇り，ヴィクトリア女王も大いに気に入っていたという。まさに女王から庶民まで楽しめる総合レジャーランドの誕生である。といっても，このような現代的施設を運営していくには少々時期尚早だった面もあった。というのも，労働者が行ける日は日曜のみであったが，日曜に開館するか否かを巡って大いに議論されたからだ。主日遵守教会（Lord's Day Observance Society）が日曜に労働を行うことを禁じていたからである。日曜日も開館するようになるのは，1860 年以降である[23]。初期の動物園にも言えることだが，このような新しい都市施設を受け入れるためには，まずは人々の心のあり方が変化する必要があった。

この点で鉄とガラスの建物を採用する歴史は，人々の伝統的な価値観の変化を映す鏡ともとれる。例えば，銀行が総ガラス張りの建物となることが想像できるだろうか。銀行といえば，その保守的で堅いイメージに合ったギリシャ・ローマ風の古典主義的な様式が普通である。銀行がその古くさいイメージを変える過程は，まず屋内から徐々に始まる。それが，金融の権威が完全に失墜した大恐慌後から始まったというのは意味深い。ついには総ガラス張りの社屋がマンハッタンに登場するに至ってひとつの頂点に達する。1954 年に 5 番街に建てられたマニュファクチャラーズ・トラスト・カンパニーの総ガラス張りのビルだ。ルイス・マンフォードは，この建物について考えを巡らせた「水晶のランタン」のなかで，ガラスの建物の系譜を水晶宮を出発点とし，ヨーロッパの大都市のガラス屋根のショッピング・アーケードから，ハワードの田園都市まで含めてたどっている。「街全体をガラスの建物でうずめる夢」（強調筆者）の再燃であるというのだ。たしかにハワードをここで言及するのは的を射ている。ヴァルター・ベンヤミンが指摘するように，パリのパサージュ（アーケード）などそこに繰り広げられるのは資本主義によって失われた過去，郷愁を呼び起こすパストラルな風景のファンタスマゴリー（幻影）かもしれないが，それは商品というかたちに換えられ抽象化されている。しかし，この銀行は金というもっとも抽象的な商品を扱うにもかかわらず，そのガラスの建物には具体的な緑，ガーデンが取り込まれているからだ。植物がふんだんに使われて庭師の週２日の世話が必要なほど広い温室もあるというのだ。もっとも近代的なガラスが，自然の光景を想起させるために使われている。ここには水晶宮の２つの要素がそのまま引き継がれている。熱帯植物と美術品の展示である。銀行の内部には，「人工植物と見まごうほどの……完璧な鉢植えの熱帯植物や，現代絵画彫刻版画などが，思わずはっとするほど芸術的に配列されて」いたからである。それらの緑が銀行の「業務施設のぜいたくさにひけをとらない」ほどの高級感を与えていたという[24)]。マンフォードの驚きは，川崎寿彦がたどったオレンジェリーからグリーンハウスへと続くヴィクトリア朝期の「緑」の文化史を要約するものだ。それが20世紀半ばに銀行というもっともふさわしくない場所に応用されたことでその系譜が人々の記憶にふたたびよみがえり，強化された。マンフォードは，唐突にもこの建物を都会における「アルンハイムの地所」にも匹敵する役割と述べて，莫大な遺産の使い道をもっとも完成された庭園建造の夢にかけたエドガー・アラン・ポーの物語に重ね合わせている。金融万能の牙城を庭園に変える隠喩は，大恐慌で失墜した銀行，そして都市の自信と威厳を再生する役割を庭が担っていることを示唆しているのではないか。

ガーデン・シティのなかのアメリカ――ニューヨークとシカゴ

ガーデン・シティの水晶宮から町の外に向かって歩いていくと最初にぶつかるのが５番街と命名された環状道路である。ニューヨークのもっとも進んだ水晶宮の銀行が５番街に面していたように，ハワードの５番街もマンハッタンの５番街に間違いないだろう。なにしろ，その通りは水晶宮をはさんでセントラル・パークに面しているからである。マンハッタンの５番街は，セントラル・パークの東側に面し，もっともファッショナブルな通りである。ニューヨーク公立図書館も美術館もこの通りだ。ハワードの町ではニューヨークの四角のセントラル・パークを丸くして，5番街で取り囲んだかたちをとっている。ハワードがアメリカに渡った1870年代といえば，ニューヨークの摩天楼がちょうど建てられ始めた頃で，彼がイギリスに戻る1876年にはすでに2つの高層ビルの建設が完成している。すでに，デパートメント・ストアも登場し，もっとも華麗な消費体験を提供していた。ニューヨークとシカゴがその点で他をしのいでいた。ニューヨークのアレグサンダー・T・ステュアートのデパートはその商売の形態にあわせてこれまでのマンハッタンとは異なる画期的な宮殿式の建築様式を採用し，「大理石宮」と呼ばれていた。ハワードが体験したニューヨークは，新たな消費活動に見合った建築様式が模索され，実験されていた現場といえる。このような近代的な建物の革新は，商品の売り方の変化とも結びついており，より多くの商品を展示する方法へ，また店の主人が顧客と値段の交渉をする場ではなく，店員が顧客に商品を見せる場への変化を反映するものである[25)]。デパートが，建物の形式である「宮殿」様式を採用し，贅沢な消費の場として「消費の宮殿」と呼ばれるようになるなど，近代的な大衆消費の道を猛進していたニューヨークをハワードは体験したことになる。その体験は，「水晶宮」のところでも述べたように，ガーデン・シティのなかにも総合ショッピングセンターとしての水晶宮を設けるというコンセプトのなかに反映されている。こうして，近代大衆消費社会の「楽園」としての条件を揃えていくのである。ところで，大資産家スチュアートはポーの「アルンハイムの地所」にでてくる大富豪のごとく，商売で得た財を投じて理想郷建設に没頭し，そこをほかならぬ「ガーデン・シティ」と名づけた。ハワードがアメリカに渡った1871年にはすでに第1期の住宅地ができ上がっていた。ニューヨークのロングアイランドに建設されたこのガーデン・シティに関しては第2節の「アメリカの地上楽園またはガーデン・シティの系譜」のなかでとりあげたい。

もう一度町の中心に戻ってみよう。セントラル・パークをとりまく環状道路5番街は，4番街と続くのだが，3番街の代わりにグランド・アヴェニューが設けられ，2番街，1番街と続いている。グランド・アヴェニューは，幅員約128メートルという広い道路で，それが4.8キロほど続くいわば公園の役割もしている。この並木道のなかに，学校や運動場や公園や教会が造られる。さらにこれら環状道路に加え，ガーデン・シティの中心からは幅員約37メートルもある広い6本の並木道（boulevards）が放射状に延びている。このブールヴァールによって，6つの区画が出来上がっている。ブールヴァールはもともとフランス語から入ってきた言葉で，広い幅員の道路を指す。この用語そのものが，中世の城壁都市に近代を持ち込む意味をもっている。というのも，パリにこのグラン・ブールヴァール（マドレーヌ広場からバスチーユ広場に至る広幅員街路）が現れた背景には，ルイ一四世時代に中世からの名残である城壁を取り壊し並木を有する馬車道として整備されたという歴史的事実があるからである[26)]。中世都市内部の曲がりくねった細い街路とは対照的な意味をもつブールヴァールは，その周りにカフェやレストランなどを中心とした繁華街を形成しただけでなく，都市ブルジョアジーの大邸宅のための環境も創出した新しい時代の高付加価値道路だった。それまでの草のボーダーに代わって並木道になったことも，道路空間に美とそれによって生み出される親密さを生みだした。ハワードの計画でも道路であるにもかかわらず，ブールヴァールの二分の一，アヴェニューの三分の一が公園と見なされ，この部分の維持費は「公園」の科目で扱われるべきことが述べられている[27)]。

このような広々とした緑園道路の提案を見ると，ハワードのプランのなかにもう一つのアメリカの都市，シカゴの影響を見ないわけにはいかない。トリストラム・ハントが『理想の都エルサレム建設――ヴィクトリア朝時代の都市の盛衰』で指摘しているように，シカゴの広々としたレイクショア・パークやミシガン・アヴェニューなどの中西部らしい贅沢なスペースの使い方がガーデン・シティの大きなヒントになったであろうことが推測されるからだ[28)]。そのような中西部の都市がハワードのガーデン・シティには隠れているのだ。したがって，ガーデン・シティを都市ならしめているもの，近代的都市性といったものを考える時に，アメリカの環境・空間のなかに展開したアメリカの都市について考察することの重要性が理解できるだろう。社会主義思想家ロバート・ブラッチフォードは，『メリー・イングランド』(1895年）のなかで，ユートピア都市の特徴として，「広々とした道路，一戸建ての家々，庭と噴水，そして並木道によってつくられた町」と表現している[29)]。ハワードのガーデン・シティの鍵要素でもあるこれら理想都市の祖型が，アメリカという風土のなかでどのような形をとって立ち現れたのか次の節で考察したい。

第2節　アメリカの地上楽園またはガーデン・シティの系譜

ハワードが体験したアメリカ

第1節では，ハワードが「ガーデン・シティ」という名前を改革のヴィジョンとしたことが，彼の田園都市思想が国境を超え，時代を超えて広がった原因であることを核に議論を展開した。では，ハワードはなぜ「ガーデン・シティ」という名前にしたのか。これに関してはどうもはっきりとしない。『明日の田園都市』の序言を書いたオズボーンの「用語についての覚書」では，シカゴのニックネームがガーデン・シティであることやロングアイランドのガーデン・シティやそれ以外にアメリカには「ガーデン・シティ」と名づけられた9つの村と1つの小さな町があったことなどが述べられている[30)]。しかし，ハワードのガーデン・シティは彼独自の発想であることが強く示唆されており，おそらくハワードが「発明した」名称なのだろう。しかし，私の関心を引くのはオズボーンが挙げた例がひとつはニュージーランドであとはすべてアメリカの町であることだ。いずれも，イギリス人が祖国を離れて移住した地に築いた町である。そこにガーデン・シティの秘密が隠されてはいないか。この節では，ハワードが21歳から6年間を過ごしたアメリカに焦点をあて，アングロ・サクソン人の深層心理に訴えるガーデン・シティの意味を探ってみたい。

ハワードは，1871年にアメリカに渡った。突然友人2人とアメリカの中西部で農業をすることを決心したからである。理由は本人の言葉からもあまりあてにならない，と伝記を書いたビーヴァーズは述べているが，ハワードがオズボーンに語ったところとして，当時どうも「民主主義的な傾向」をもち始めていたようで，アメリカのオープンな空間というよりは，オープンな社会に引かれて移住を決心したと推測されている[31)]。アメリカでは，1862年にホームステッド法が施行され，西部の広大な土地が農業を希望する者にわずかな登録料以外は無償で提供されていた。ハワードはちょうどこの制度が利用できる最低年齢である21歳になったばかりであった。与えられた土地に5年間定住することが土地取得の条件だった。ホームステッド法が施行された1862年には大陸横断鉄道の建設もスタートし，それが完成するのは1869年である。1870年代は，このような条件が整い大陸横断鉄道の宣伝活動も働いて，アメリカ東部からだけでなくヨーロッパからも大勢の開拓者たちがミシシッピ川を越えて大草原地帯にやってきた。ハワードは，まさにこのような時期に，アメリカ大西部の磁石に引きつけられてイギリスからアメリカに渡ってきた若者の一人だった。

移住の地ネブラスカは，アメリカ大砂漠

さて，ハワードたちは1872年の3月にネブラスカのハワード・カウンティにやってきて，3人で160エーカーの土地を取得した。これは，前述のホームステッド法で支給される面積である。元々西部の土地は1マイル四方の640エーカーで売却されることが法律で決められていたのだが，それでは個人で買うには負担が大きすぎることなどから4分の1（160エーカー），16分の1（40エーカー）と徐々に小さい区分で売りにだされるようになった。160エーカーというのは，64ヘクタールで，3人といってもかなり広い土地である。しかも，未開拓の原野であるからそこを開墾すると

なると想像を絶する苦労があったろう。

ミシシッピ川からロッキー山脈までの「大草原」に分類される土地は，かつて「アメリカ大砂漠」と呼ばれ植民には適さない土地と考えられていた。しかし，ここも1840年代以降開拓が試みられて豊かな農地に変貌していく。ミシシッピ川上流域の大草原が肥沃な農地となることは，その市場となる都市の成長も促すことになった。農地や森林地帯と都市が補完関係にあることがはっきりと見て取れたのがフロンティアに出現した大小のブーミング・タウンだった。そして，ここ中西部でそのような町のなかでも核となる都市はハワードが後に住むことになるシカゴであった。シカゴはちょうどこの時期農業，林業の中核市場として西部開拓とともに急成長していた。鉄道がシカゴを中心として放射状に延びていった。ハワードもシカゴを経由してネブラスカに渡ったに違いない。イリノイ州やウィスコンシン州，ミネソタ州，アイオワ州で農業が成功したことに勇気を得た開拓者たちは，大陸横断鉄道完成後はさらに西に，カンザス，ネブラスカ，ダコタ・テリトリーへと進出していった。しかし，同じ大草原であってもこれらの地域はそれまでの肥沃な大草原とは異なる風景，気候を有する不毛な土地であった。耕作するにはより多くの困難が待ち受けていた[32)]。

1850年代末に，政府の要請で大平原を探検したダヴァヌア・K・ウォレン中尉は，西経97度線が通常の農業の西限であると報告しているが，ハワードが滞在した同名のハワード郡はこれを1度超えた98度線に位置していた。『ヴァージンランド』のH・N・スミスによると，東部カンザスとアイオワの肥沃な草原とハワードが移り住んだもっと西の不毛な高地を区別しているのは，ただ雨量だけだった[33)]。1870年代から80年代初頭にかけては，それでもこの地域はかなり高い降雨量を記録し，農業に適した土地であると錯覚させるほどであった。しかし，西に進むにつれて土地は乾燥し，たびたび干ばつに見舞われた。1880年代までにはそこで農業を成功させるためには，灌漑をするか，あるいは特殊な乾燥地向けの農法を行うかのどちらからかしか手だてがないことが明らかになった。ハワードが農業をあきらめたのは，彼の資質ばかりでなく，このような土地を開墾するという多大な苦労があったことも覚えておかなくてはならないだろう。

ホームステッド法が施行されたとき，何百万もの都市貧民街の住人が西に移って自らの家庭を築き豊かで堅実な暮らしができると本気で信じられていた。しかし結果は期待されたものではなく，経済的に土地を抵当に入れざるを得ない状況が多く生じ，結果多くの小作農を生じさせた。その意味で，ハワードも開墾開始して間もなく，共同経営者に雇われる身分となったというのは，自営農場制度という土地均分論的ユートピアの挫折を肌身で感じさせたのではないだろうか[34]。

ネブラスカに地上楽園（モダン・パラダイス）建設計画

大砂漠の不毛の地と考えられたネブラスカだが，ここに理想の楽園都市を建設する夢をもった男がいた。ヘンリー・オールリック（1851-1927）である。エドワード・ベラミーの『顧りみれば』はハワードに大きな影響を与えたユートピア小説として有名だが，1880年，90年代にはベラミー以外にも多くのユートピア，アンチユートピア小説がアメリカで出版され，その数は150冊以上にもなるという[35]。ベラミーに加えて，ウィリアム・ディーン・ハウエルズの『アルトルーリアからやってきた旅行者』などが有名だが，それらに押されて忘れ去られた小説が数多く存在する。オールリックによる『都市も田舎もない世界』（*A Cityless and Countryless World*, 1893）や『モダン・パラダイス――文化人の近未来の生活，仕事，そして組織のあり方』（*Modern Paradise: An Outline or Story of How Some of the Cultured People will Probably Live, Work and Organize in the Near Future*, 1915）もそのような小説のひとつであった。ハワードが西部開拓民として体験したネブラスカを地上の楽園にするとはどのようなアイディアだったのだろうか。彼の小説を通じて考えてみたい[36]。

『都市も田舎もない世界』は少々奇抜な話だ。火星人が中西部のとある村にやってきて地球よりずっと進んだ文明を享受する火星の「楽園」社会を紹介するという筋立てである。現実社会と対比されるユートピア社会をどこに設定するかは小説家を悩ませるところだろう。通常は未来（あるいは過去）といった未知の時間軸でその違いを表現するものだが，オールリックの場合は未知の空間に目を向け火星をその舞台に選んでいる。火星といえば，われわれはSF小説に登場するタコのような火星人をすぐに思い浮かべるが，ここに登場する火星人は，主人公のユーウィンズ一家を訪れたミディス氏という何ら人間と変わらない姿で描かれている。火星人などというと突飛な想定に思えるかもしれないが，実はちょうどこの時代は火星の生物についての議論が起こり，火星に人々が注目していた時代だった。それは，1877年の火星大接近の折に火星の表面に線状の模様を観察したイタリア人天文学者ジョヴァンニ・スキアパレッリに端を発していた。彼はそれをイタリア語で溝を意味するCanaliと発表したのだが，これが運河を意味するCanalと英訳されてしまった。運河であるならばそれをつくった火星人が存在するにちがいないという説が広まり，さらに，運河が火星全体を覆っていることから火星人は地球人よりも高度な文明をもっているに違いないという考えが広まった。1893年に書かれたこの小説は，このような火星を巡る最新の科学的発見を反映させたものなのだ。

火星ユートピアの「都市」も「田舎」もない世界

ベラミーのユートピア小説『顧りみれば』が，ボストンという都市を舞台としているのに対し，『都市も田舎もない世界』のユートピアは，ハワードのガーデン・シティのように都市と田舎の良いところをあわせもった都市でもなく田舎でもない環境が特徴となっている。ハワードの円形のガーデン・シティと異なり，火星の理想郷は長さ24マイル×幅6マイル，面積144平方マイル（373平方キロメートル）の長方形となっている。これは西部に特徴的なグリッドと呼ばれる格子状の土地区割りが反映されたものだ。つまり，1785年の土地条例で定められた6マイル四方のタウンシップが4つ集まった形なのである。この長方形の周りには2車線の道路が走っている。

この道路に面して「ビッグハウス」と呼ばれる８階建ての高層ビルが建っている。道路沿いに半マイルの間隔でこのビルが建てられ，ビルには1000人の住人が住んでいる[37)]。全体で12万人の人口を有するコミュニティで，人口密度もハワードのガーデン・シティが１平方キロあたり7500人に対して310人と少ない。それは，このユートピアが緑地のなかの高層ビル群から成り立っているからである。都市の過密を高層ビルで解決するというアイディアは，1880年代にアメリカに登場する摩天楼の思想と無縁ではないだろう。

都市でもなく，田舎でもないユートピアが火星になぜできたのだろうか。ミディス氏の説明によると，文明が進むと騒音や煤煙に悩まされ不衛生な大都市に住むことが不健康なことであると認識するようになり，富裕層がまず初めに都市から離れ，貧しい人々が都市に取り残された。彼らは鳥の鳴き声や花や緑とも無縁な殺伐とした都会生活を強いられた。都市には犯罪が多発し，富と権力の集中は貧富の差をますます激しいものとした。一方農民は，生活必需品を得るために遅くまで労働を強いられ，非生産的な都市の「ブーマー」（成功者）たちを養うために働かなくてはならなかった。また，妻や子供たちは他の人間と交わることもきわめて限られた孤立した生活を送っていた[38)]。つまり，両者ともに健康的で快適な生活環境から疎外されていたのである。それに加え，とくに前者の生活に欠けていたのは，四季の循環という時間を提供する自然であり，後者に足りなかったのは，人との交わりを通じた人間の時間だった。このように働き詰めで孤独な田舎の生活も，混雑して不健康な都会の生活も人々にとってふさわしい生活ではないと認識することによって火星から都市も田舎もなくなったと説明されている。

グリッドのユートピアでは，両者の欠点がどのように解決されているだろうか。まずここの住人は広大な美しい緑地という田舎の環境のなかで，都会的な1000人収容の高層ビルに住んでいる。建物同士は半マイル離し，近すぎて過密とならないように，また離れすぎて孤立しないように適切な距離を保つ工夫がなされている。この住人たちは地球のような夫や妻という関係ではなく，全員がメンバーであるような大家族である。また女性の家事労働にも賃金が払われ，女性も家庭に縛られず経済的に自立している。ビッグハウスと呼ばれるこの高層ビルの内部も住人たちの親密な交流がはかられるよう設計され，大勢の人々が集う公共の大広間やレストラン，大規模な台所から，より小規模な親密な空間が設けられ，最終的には一人一人の個室となっている。社会の最小単位は個人にまで還元されている。この約12畳程の個室によってこの共同体では個人の究極の自由が保証されているようにも見えるが，裏を返せば，そこまで管理されているということにもなる。これは，個人住宅ではなく，高層ビルという住宅形態をとったことに内在する問題でもあるだろう。

オールリックのユートピアの設計図には，都市と田舎の合体に加え，ハワードのガーデン・シティと共通する部分も多くある。この本が出版された1893年にハワードがシカゴにいれば，もしかしたら手に取っていたかもしれないが，小説としては失敗作で1000部も売れなかったというし，またハワードはこのときすでにロンドンにもどっていたので，両者の直接的結びつきは考えづらいだろう。大西洋を挟んだ英米のアングロ・サクソン文化に共通する時代の空気をお互いに吸っていたことと，ハワードが中西部の体験で自然に吸収した考え方が同じようなアイディアを生んだのだろう。

その類似点として例えば，火星の楽園にも幅100フィート（約30メートル）のブールヴァールが走っていることが挙げられる。水晶宮に相当するのは総ガラス張りの大規模なコンサーヴァトリである。内部には熱帯植物が育てられ「雪が2フィート（60センチ）積もっても」つねに緑が保たれているウィンターガーデンである[39)]。また，公園内には2つの人口湖がつくられ，これは水浴と水泳のための施設となっている。これもやはりプールの祖型であり体を洗うためにも使われるようで，寒い季節には室内にお湯のでる風呂施設も多く設けられていると説明されている[40)]。さらには，噴水までもが登場する。それは，ビッグハウスのなかのもっとも広くて立派なパーラーの中心にしつらえられている。天井まで届くその水は涼しく爽やかな雰囲気を演出している[41]。このように，ガーデン・シティの祖型的要素はすべてそろっているといえよう。しかし，説明をよく読んでみると両者には微妙な関心の差があることに気づく。

そのなかの一つ道路を見てみよう。オールリックのユートピアではブールヴァールはモーターラインと呼ばれる自動車道と平行に走っている。ハワードはちょうど自動車が登場する時期に執筆したにもかかわらず自動車については言及していない[42]。しかし，オールリックは人が歩く歩道とは別に自動車道路まで設計し，1892年の『サイエンティフィック・アメリカ』誌に掲載された電気自動車の写真まで紹介している。広大な西部での移動手段としての自動車の価値を十分に認識していたのだろう。また，ブールヴァールは，夜ともなると電気がともされそこを何千人もの住人たちがそぞろ歩くことを楽しむという。そのためにこの道路には，天然の石より見栄えのよい人口の砂利が敷かれている[43]。照明がなされた明るい道路に加え，このように道路の表面にも少なからぬ注意が払われている。そこにスムーズでクリーンな道に対する強い憧れが感じられる。オルムステッドも，シカゴ郊外のリヴァーサイドの計画案のなかで，さかんに道に言及している。道路の改良が計画案の多くの部分を占め少々違和感を覚えるほどだ。シカゴ周辺は土地が平坦なので排水が悪く，道路がよくぬかるんで頑強な馬車でも走るのに大変苦労する，また，春や初夏など気候の良い時期に女性や子供たちが不快な思いをせずに歩ける道路などアメリカのどの村にも郊外にも見あたらないと嘆いている。そこで，オルムステッドがリヴァーサイドで提案しているのは，霜や雨の影響を受けない車道や歩道である。「表面がクリーンでスムーズ」であるべきことが強調されている[44]。この点でも火星のユートピアはさらに進んでいる。雪山に続く観光道路も，凍結することなく安全に車を走らせることができるからだ。砂利道も，ブールヴァールも，車道も鉄道もすべて電気ヒーターによって加熱され，雪が降っても溶かしてしまうという仕掛けだからだ[45]。まさに自然に左右されない全天候型の道路が実現されている。

田園墓地との関係でも道路は重要である。園内の道路にとくに注意を払い，草ひとつ生えていない「常にクリーンで秩序ある」環境を維持するために効率的で効果的な近代的管理システムを確立したのは，19世紀半ばに中西部のシンシナティにつくられたスプリング・グローヴ霊園であった[46]。東部に誕生した田園墓地が西部へと伝播する途中で「公園型」景観への変化を生じさせた重要な墓地である。園内の美観を損なわないように，芝刈りを頻繁に行い芝の高さを常に一定に保ち，園内の工事や作業時間の徹底した管理を行い，従業員には制服を提供し，このような作業を徹底するためのシステムを確立した。

システマチックな景観管理システムはその後の近代的な公園や墓地の模範となって普及する。さらに技術の進んだ20世紀前半の墓地の雑誌に掲載された広告を見てみると，このような道路への欲求がさらに現実のものとなっていく過程がよくわかる。雑草の生えない（weed-free）道路や，嵐の後でもクリーンな水はけのよい（waterproof）道路など道路会社の宣伝が目立ってくるからだ。コールタールのブランド「ターヴィア」の1919年の広告では，気候に左右されずいつでも利用可能な「全天候型」の公園や墓地が訴求されている（写真5）。雨や霜に悩まされないばかりか，冬の雪も，秋の落ち葉もあっという間にクリーンになるコールタールを使った魔法のような道路の登場である[47]。この革新的な道路を採用した墓地がシリーズ広告となり，まるで，クリーンな道路の永続性といったものが，死者や墓地の永続性にとってかわったかのような印象を与えている。このようなメンタリティは，防水性の棺や棺をいれる耐水性に優れたコンクリート製のヴォールトと呼ばれる建造物を求める精神と同じものだ。もっとも皮肉なことは，ターヴィアの広告で，「ターヴィアは（クリーンで耐久性のある）道路を維持し，泥（dust）を排除する」（*Tarvia Preserves Roads and Prevents Dust*）という一般道路に使われたキャッチコピーが墓地の広告でも使われてしまったことだ。そもそも墓地とは人が塵（dust）に返る場所ではなかったろうか。

このような，人間の永遠性がモノの耐久性にとってかわられてしまう現象が，とくに過酷な気候の西部の墓地に見られることを指摘したのは，歴史家

写真5　ターヴィアの1919年の広告

グンサー・バースである。四季の循環がはっきりとし，みずみずしい緑が永遠の命を約束するような東部の環境が望めない地域では，異なる気候，土壌に死者を埋葬することに不安を生じさせた。その結果，自然の永遠性ではなく堅固な耐久性のある墓石や記念碑を建てることに人々は心を砕くようになっていったという[48]。西部の土地柄が，天候に左右されない，泥や埃から無縁の「楽園」に対するとくに強い憧れを生み出したことを立証するものである。その延長線上に，ディズニーランドがあることは間違いない。ウォルト・ディズニーは，土埃の舞うミズーリ州マーセリンの出身であることはよく知られている。

火星ユートピアの墓地

ここで墓地の話になったので，火星の「楽園」では墓地はどうなっているのか見てみよう。この小説には火星の葬送儀礼に関しても述べられているのだ。最後の十数頁で主人公は，これまで質問しようと思いながら質問しそびれていた話題，火星では死者をどのように埋葬するのか，それを問う機会を得た。ミディス氏によると，火星では地球のように土葬は行わず，皆火葬にふされる。死亡が確認されると，死体処理係が死体を火葬場に運ぶ。そこでふたを開けた棺に安置される。このオープンキャスケットは通常会衆者が死者との最後の別れをするためのアメリカ独自の「ヴューイング」という習慣のためのものだ。しかし，火星の場合はそのような意図はない。なにしろ，家族や友人までもそこまで立ち会わないからだ。火葬の前に，棺のなかで遺体が腐り，まちがいなく死亡していることが確認されるまで安置しておくためのものなのだ。なんという皮肉な進化だろう。火葬になった理由としては，病気などの場合の感染を防ぐといった「科学的な」説明がなされているが，もっと重要なことは彼らの死生観に関係している。彼らは死体をただのモノとして見ている。愛する家族や友人との交わりは生きている時のものであり，死んでしまった肉体とは何ら関係ないのである。すでにただのモノと化した遺体に無用の悲しみを感じるのは，生者の幸福を壊すものという認識である。葬儀を行うことも，感染を広げたり，悲しみの気持ちを長引かせるだけなので，いっさい執り行わない。そのような行為は，無駄な努力である。喪服を着て喪に服することもない。喪中は周りを陰鬱な雰囲気にしてしまうからだ。そうではなくて，死者の環境をできるだけ明るく，楽しいものにするのが残された者の務めではないか。そのようなわけで，火星のユートピアには遺灰の上に，墓石も記念碑も建てない[49)]。

歴史学者のフィリップ・アリエスは，このような死を忌避する態度は現代西洋社会に共通のもので，20世紀初頭にアメリカで生じたものと述べている[50)]。しかし，そのような態度が19世紀の終わりにすでにユートピア小説のなかで論じられていることは興味深い。しかも，6頁以上もこのテーマに割いて注意深い説明がされているのだ。このような考え方は新奇で通常の人間には受け入れがたいことであったから誤解のないように詳細な説明が必要だったのだろう。しかし，あと20年もすれば死をタブー視する死生観は現実のものとなり，墓から陰気な雰囲気をいっさい払拭したまったく新しい墓地が考案される。墓の「楽園」の誕生である。そしてこの「メモリアル・パーク」型墓地が，20世紀アメリカの新しい墓地のモデルとして普及していく。この墓石のない墓地という画期的な墓地を考案したヒューバート・イートンも19世紀後半に中西部ミズーリ州の片田舎で育ちカリフォルニアで夢を実現させた人物だ[51)]。上で述べたようにウォルト・ディズニーも同じミズーリ州の片田舎の出身者でカリフォルニアでディズニーランドを建設したが，イートンはそれよりも30年も前にカリフォルニアのハリウッド近在に，テーマパーク化した「楽園」墓地を考案しているのである。

地上「楽園」を論じる際に避けて通れない問題である死をどのように扱うかはきわめて重要な問題であり，オールリックの小説でもそれを正面から論じている。しかし，死は生者の生活から完全に切り離され，否定されたかたちで論じられている。逆に考えれば，火星の「楽園」に墓がないことの言い訳が延々と述べられているようなものだ。ハワードのガーデン・シティで住人の終の住処である墓地が議論さえもされていないのは，この延長線上にあるからかもしれない。とくにイギリス社会では死をタブー視する感情が強いことが社会学者のG・ゴーラーによって指摘されているが[52]，イギリス人にとって死者の町の問題は設計で解決されるべきものでなく，死者そのものを葬るかたちで生者だけのユートピアを求めたのだろう。逆に，死さえもコマーシャリズムに組み入れるアメリカ人の飽くなき幸福への追求が，ディズニーランドや巨大ショッピング・モールなどの人工的なユートピア空間を現実世界に生み出すエネルギーだったとも言えよう。

さて，オールリックであるが，次の著書『モダン・パラダイス』を出版する1915年の直前に，どうも実際にネブラスカ州東部の5,000エーカー(2,000ヘクタール）の土地に「地上楽園」を建設しようと計画していたらしい。500人の男女が一緒に住み農業や産業に従事する職住一体型のコロニーである。「モダン・パラダイス」と名づけられたこのユートピアでは，『都市も田舎もない世界』にでてくるような構造の「マンション・ハウス」という豪華な建物が建てられる。そこでは，最新技術を駆使して掃除や洗濯などの日常の雑事はいっさい電気機器が行う。さらに，劇場やアート・ギャラリーや博物館まである夢の共同体である。もっとも興味深いのは，「自動車のパーラー」があることだ。というのも，「この新『エデン』では，自動車が神とあがめられ，つらい労苦を終焉させる力をもつようになるから」である[53]。自動車が登場した当初は，それを一番必要としていた田舎で敵意の目をもって迎えられたというから，オールリックはなんという先見の明をもっていたことか。本質的に都会的な人間だったのだろう。ともあれ，彼の計画は実現することはなかったのである。

カンザスの「ガーデン・シティ」

農業に困難であるとされる西経98度線上に位置するネブラスカのハワード・カウンティをさらに西に，西経100度線までくると，グレートプレーンズのなかでもとくに「ハイプレーン」と呼ばれる地域がロッキー山脈まで続いている。ここは，さらに農業には不向きな半乾燥地帯として分類されている。このような場所に，ハワードが『ガーデン・シティ』を出版する24年も前に「ガーデン・シティ」と命名された町が誕生していた。今度は，「アメリカ大砂漠」を地上楽園「ガーデン・シティ」に変えた実際の試みについて見てみよう。

このガーデン・シティは，ハワード・カウンティの西南の方向に位置するカンザス州フィニー・カウンティにある現在の人口が２万8000人の小さな町だ。作物を育てるのに必要だとされる最低平均年間降雨量20インチ(500ミリ）に２インチ（50ミリ）足りないばかりに，半乾燥地帯に分類されてしまった，いわば中途半端な地域なのである。このような辺境の地にも1840年代ともなるとパイオニアたちが押し寄せてきた。見渡す限り乾燥した草原地帯グレートプレーンズを越えて3000キロ彼方の「水の潤沢な」(well-watered)，森林地帯オレゴンを目指す移住者たちである。フィニー・カウンティはその「西部のエデン」に到る単なる通過点でしかなかった。『ガーデン・シティ』を書いたホリー・ホープによると，パイオニアたちがこの先のロッキー越えで負担となる荷物を捨てていくモノの「廃棄場」でもあった[54]。ひとびとはそこで新たな夢を求めて古いしがらみを捨てていったのである。

通過点から定住地へと変化するのは，大陸横断鉄道が完成してから後のことだった。鉄道会社の宣伝文句に乗せられてひとびとはカンザスの東部から西部へと定住していった。ホープの言葉を借りると，「ペンの力によりこのアメリカ大砂漠は，『ガーデン』へと変貌した」のである[55]。そしてこのフィニー・カウンティ の中心に位置するのが，その野望にふさわしくガーデン・シティと名づけられた町であり，郡役所所在地なのである。そのようなヴィジョンをもってこのカウンティに初めてやってきたパイオニアは，ウィリアムとジェイムズ・フルトン兄弟たちであった。1878年２月のことである。彼らは測量技師を同伴し，ただちに土地の測量を行い，カウンティの中心に位置する土地を手に入れた。そこは建物も何も存在しない荒野で，彼らは当初はキャンプ生活であったが，すぐに家を建て始め，完成した建物をオキシデンタル・ホテルと名づけた。ある日，そこを通りかかった旅人が，ここは何という場所かと，庭の手入れをしていたフルトン夫人に聞いた。彼女が，「鉄道の人たちはフルトンと呼んでいるけれど，よい名前を探しているところよ」と答えた。すると男は，彼女の美しい庭を見て，「では，ガーデン・シティにしてはどうだろう」と提案した。夫人はその名前を即座に気に入り，こうしてガーデン・シティが誕生したと，フィニー・カウンティの歴史協会のホームページでは説明されている[56)]。すると，ガーデン・シティという名前は1878年頃からすくなくともそこに住み始めた数世帯の人たちによって使い始められていたと考えられる。1884年にはフィニー・カウンティが組織され，ガーデン・シティが郡役所所在地として登録されている。

ガーデン・シティのいわば創設者であるフルトン一家がやってきた時代は，砂地にセージのブッシュとソープウィード（ユッカラン）が生える，木一本ない未開の地であった。フルトン兄弟が土地の申請をしたときには，兄弟の土地を東西に分けるメインストリート一本だけだった。他の家族を呼び寄せる努力はしたものの実際にやってきたのは数家族だけで，1878年の暮れになっても，たった4軒の建物が建っているだけだった。それでも，メインストリート一本だけのこの未開地は「シティ」と名づけられたのだ。

いったいガーデン・シティでの生活はどのようなものだったのだろうか。ウィリアム・D・フルトンの娘のE・L・ワート夫人は，次のように書き残している。「鉄道のどちら側を見ても文明生活といえるようなものは何も存在しなかった。何マイルも，何マイルも未開のプレイリーが続いているだけだった……夜ともなると……聞こえてくるのはコヨーテの遠吠えと，激しい風の音だけという場所だった」[57)]。そして，この風がくせものだった。砂嵐がやってくることも珍しくはなく，まるで雹が降っているような音をたてて家を叩き，揺らし，うなり声をあげるものだから，嵐の海原で大波にもてあそばれる船に乗っているような恐怖を味わったとワート夫人は語っている。その風の威力はきわめて強大で，家が吹き飛ばされないように支柱を立てる

写真6　1920～30年代にコロラドを襲った砂嵐

写真7　同時期カンザス州ガーデン・シティを襲った砂嵐

ために外に出た父親には体にしっかりとロープを結びつけ家族でたぐり寄せたそうだ。

ところで，数年前にこのダストボールと呼ばれる猛烈な砂嵐のことを調べている時，たまたまeBayというアメリカのオークションサイトでこのダストボールを写した絵はがきを見つけた。このような自然災害をテーマとした絵はがきは高値で競り落とされるもので，私も数名と競って手に入れることができた（写真6）。すると，数日して競りに負けたアメリカ人女性からメールが届いた。私が手に入れた絵はがきはおそらく彼女が子供時代に体験した「ダストボール」に違いないというのだ。懐かしくなり，入札したことをただ伝えるためにメールをよこしたという。彼女はダストボールが大発生したあの1930年代から40年代にコロラドで幼少期を送っていたのだ。

さっそく私は，当時の体験を話してくれないかと頼んだ。数日して送られてきた彼女の体験談は，ガーデン・シティの初期住人たちも体験したと思われる過酷な西部の生活を伝えていた。砂嵐はテキサスやオクラホマなど南で発生し，それが北上して間近に迫ってくると太陽光によって辺り一面が明るいオレンジ色一色となるそうだ。そしてもくもくと立ち上る黒雲が続き，突然真っ暗闇の世界に変わる。ある日，この砂嵐が襲ってきた時に児童たちを遠く離れた農場に運ぶスクールバスが彼女の家で待機することになった。彼女の家はとても小さかったのだがそこで児童全員が一夜を過ごしたという。母親の用意した毛布を床に敷き，皆で固まり恐怖の一夜をともにした。食料も十分にない時代であったが母親は皆にパンケーキとベーコンを焼いて与えたそうだ。子供たちの不安も大きかっただろうが，その親たちもさらに大きな不安で眠れぬ一夜を過ごしたに違いないと彼女は言う。なにしろ，電話もない時代，子供たちがどうして帰らないのか知るすべもなかったからだ。東部コロラドでは，それぞれの農場が何マイルも，おそらく 10 〜 15 マイルも離れていたので，連絡を取り合うこともできなかったという。現在では，かつての砂地が農地となったため 30 〜 40 年代に経験したような大規模なダストボールはなくなったそうだ。初期移住者たちにとって確かに過酷な自然であったろうが，泥で泥団子をつくって遊んだという彼女の子供時代も過ぎ去ってしまえば懐かしい思い出となる彼女の気持ちが伝わってくるメールであった[58)]。

カンザスのガーデン・シティの初期移民の一人，マーガレット・エマはそこでの体験を次のように語っている。

……ここにやってきた 1881 年の春と夏はとても乾燥していた。9 ヶ月間というもの一滴の雨も降らなかった。木は一本もなかった。ガーデン・シティの通り沿いにコットンウィードが植えられていたがまだ日陰をつくるほどでもなかった。ここら辺で一番大きなソープウィードがわずかな日陰をつくっていた。

毎日焼け付くような太陽が昇り，日に日に日差しが強くなった。雲はないかと空を仰げば，ギラギラ輝く太陽だけが目に入った[59]。

このような乾燥した大草原のなかで彼女は幻を見た。それは，「蜃気楼のなかに湖面がきらきらと輝く湖が現れ，教会や劇場と思われるような建物が立ち，高い木々が生えた森が立ち現れることだった……。」過酷な自然のなかで夢見たのはまさに水と緑の文字どおりの「ガーデン・シティ」だったのだ。

干ばつが間欠的にこの地域を襲い，その度に人口が減ったとホリー・ホープは述べている[60]。この地域を乾燥した大草原から真の「ガーデン」に変える努力はその後着々と進められた。まず，1906年から連邦政府によりフィニー・カウンティを含む16万5000エーカーの土地が国有保安林とされ，100万本の木が植林された。灌漑はそれより早く，1879年にはアーカンサス川沿いに灌漑用水路が建設されている[61]。その後も水路が建設されたもののこれはあまり成功はしなかったようだ。興味深いのはこの細々とした水路に，「アマゾン」などという大げさな名前が付けられたことだ。名前が人々の痛切な期待を表すものであることがこの例からもわかるだろう。その後の灌漑の試みによってカンザス西部のこの地域もついには農業の盛んな土地に生まれ変わったのである。

雨を乞い願った過酷な乾燥地帯だったからこそ，彼らは「ガーデン」のヴィジョンを強くもったのだ。それは，家の周りに芝を植えることにつながり，また『ガーデン・シティ』の著者の祖父が薔薇の庭をつくったことに象徴される。薔薇の栽培はカンザスの乾燥した気候と夏には強い太陽光を浴びる土地柄では困難をともなうものだったが，マルチングなどの工夫をして薔薇だけを何十種類も栽培し見事な薔薇園を誇っていたという。

「砂漠」のオアシスに世界一のプール

そして，1922年には，ガーデン・シティに市民プールがオープンする。

写真８　カンザス州ガーデン・シティの市営プール

写真９　ニュージャージー州ラドバーンのスイミング・プール

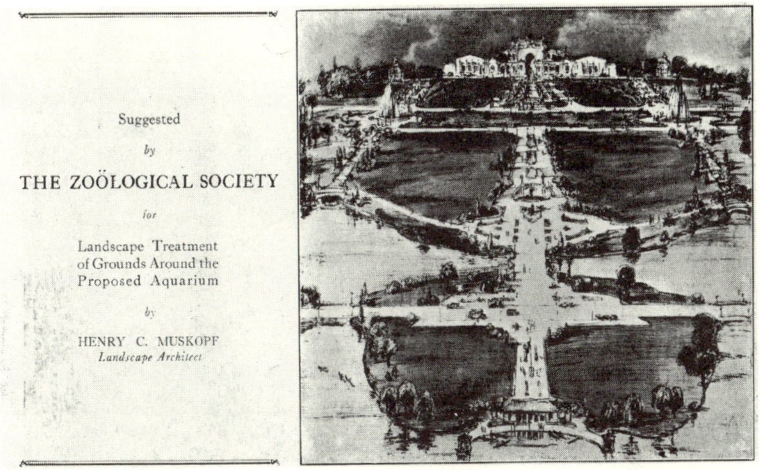

写真10　ミズーリ州セントルイスの動物園の案内書の設計図

それは，単なるプールではなく「世界で一番大きな」プールと宣伝された。まさに，ガーデン・シティの住民にとってそれは単なる娯楽施設ではなく，町の半ブロックも占め，プールを満たすのに2日もかかる3百万ガロンもの水をたたえる「蜃気楼の湖」だったのだ[62]（写真8）。当初はまわりにフェンスもなく，昼夜を問わずいつでも泳げたそうだ。ただし，メキシコ人でなければという但し書付きである。ここでも，ガーデンの価値・系譜を共有する同質的な人々のユートピアが建設されている。このプールに，シャワー施設やフェンスやライフガードがつけ加えられるのは後のことで，これらの今ではプールに必須のアイテムのない文字どおりのプール，つまり水たまり（ウォーター・ホール）の姿のなかに，ガーデン・シティの祖型の噴水がプールへと変化していく姿を見ることができる。それは，水をコントロールする中世の噴水の技術から，灌漑も含めた近代の水管理のテクノロジーへの移行を象徴してもいる。人間の欲望はアメリカの地で全開となり，砂漠を「アマゾン」へと変えてしまえるほどの力となるのである。ハワードのガーデン・シティをモデルとして1920年代につくられたニュージャージー州の

写真 11　セントルイスの動物園内の水族館の景観、同案内書より

ラドバーンがそのコミュニティの中心に学校とプールを据えたことも，象徴的である（写真 9）。プールは，水と緑のメドウ（草地）を心の故郷とするアングロ・サクソン文化の町づくりのひとつの帰結と言えないだろうか。

さらに，砂漠のオアシスをより完全なものにするために，1927 年にはガーデン・シティのフィンナップ公園に動物園が設立された。近隣の子供たちが目にしたのはせいぜい犬や猫であったところを，ガーデン・シティの子供たちはゾウやカバや，シロクマやライオンやトラたちとともに育ったと，ホープは誇らしげに書いている[63]。楽園にエキゾチックな動物たちが加わることにより，楽園はさらに完成されたものとなるのである。初期の動物園もそのような文脈でとらえるべきもので，たとえば 1914 年に設立されたミズーリ州セントルイスの動物園には，1925 年ともなると 150 万人もの入場者が訪れている[64]。立派な案内書も発行され，田園墓地の案内書もそうであったようにズーロジカル・パークの設計図案が誇らしげに掲載されてい

る（写真10, 11）。これを見れば，田園墓地から，シティ・パーク，ズーロジカル・パーク，メモリアル・パーク，そしてテーマ・パークへと進化するガーデンの系譜を見ることができる。

「ガーデン・シティ」シカゴ

さて，この西部の発展で中心的な役割を担っていたのはミシガン湖のほとりに位置するシカゴであった。次に，ハワードが1872年から76年まで住んでいた当時のシカゴについて考えてみよう。シカゴは，1837年にタウンからシティに昇格する際に，市の印章にラテン語で“Urbs in Horto”（city in a garden）と刻んだ。それ以来，ガーデン・シティがシカゴのモットーとなる。『過ぎし日のシカゴ── 60年代の「ガーデン・シティ」の思い出──』を書いたジャーナリストのフレデリック・クックは，1860年代のシカゴを次のように描写している。湖に沿って堂々とした屋敷が続き，美しい庭園が造られている……すべての通りに木が植えられているばかりでなく，各邸宅が木の植えられたスクウェアに囲まれているので，まるで，公園のような環境に住む幸運が家の所有者たちに与えられている。……この豊かな自然が一夜にして失われてしまった」[65]。それが，1871 年 10 月のシカゴ大火であり，シカゴの中心街を含めた広い地域が消失したことによって，「ガーデン・シティ」の面影がシカゴから失われてしまったとクックは回顧している。それから 5 ヶ月後の 72 年 3 月にハワードはネブラスカでの農業をあきらめシカゴにやってきた。

ガーデン・シティといっても，最初からシカゴが美しい自然に恵まれた場所であったわけではない。もともとミシガン湖の畔に広がる低地で，ピクチャレスクな景観からはほど遠い単調な風景だった。シカゴ郊外のリヴァーサイドを設計したオルムステッドは，シカゴ近在を「平坦な低地で，泥にまみれたわびしい場所」と述べている[66]。「グレート・プレーリー」と呼ばれる大草原地帯の風景の問題点は，山も丘もなく，木や灌木もなくただ単調な平地が水平線まで広がっていることだった。これが，人間の心理に与える影響は大きく，孤独と漠然とした恐怖心を生みだすと考えられていた。これを解決する使命を担っていたのが，景観を造り上げる技術，つまりランドスケープ・アーキテクチャーであった。建築史家ウォルーター・L・クリースが指摘するように，シカゴや郊外地では，「見渡す限り真っ平らな地形」といった地形的多様性に欠けた欠点を補うために，徹底した人工的手段によって心休まる景観を造り上げていった。自然に恵まれていなかったからこそ，潤沢な資金とエンジニアリング力を駆使し，また優れた審美眼でもっとも美しい景観の効果を生み出した場所と言える[67]。

中西部の自然環境に加え，当時のシカゴは，きわめて激しい成長，開発が進行中のフロンティア・シティでもあった。人々は慌しい喧噪の町で厳しい競争を生き抜くために多くのストレスを感じていたろう。それだからこそ，熾烈な環境を生き抜くことができずに亡くなった人々，あるいはもう戦う必要のない死者たちが安らかに眠る墓地は，町の喧噪から無縁の静かで平和な美しい環境であるべきだと考えられた[68]。永遠に停止した墓地空間は，絶えず変化する都市空間を映す鏡であり，そのように設計されていた。シカゴのグレースランド霊園を論じたクリースが述べているように，ここ中西部という場所にあって永遠にそして積極的に住み続けることができる権利は死を通じて与えられたという訳だ。現実と理想，生と死がひしめき合う場所がシカゴであった。

シカゴの都市整備

さて，シカゴの町を生者のための理想の都市に近づける人々の努力はどうだったろう。健康的な環境づくりの一環として，1868年には，シカゴの西部と南部地域にパーク・システムと，市の中心を通る14マイル（23キロ）のブールヴァールを造る議案が採択されている[69]。シカゴ大火の3年前である。この計画で採用されたのがニューヨークのセントラル・パークを設計したオルムステッドとヴォークスである。急成長する「西部の帝国都市」シカゴはきわめて新しい職業分野であるランドスケープ・アーキテクトたちが，仕事を得られる場として期待されていた。そのなかで，最近注目されるようになったランドスケープ・アーキテクト，ホレス・クリーヴランドに焦点をあてて当時のシカゴを見てみよう。というのも，オルムステッドなどは東部に事務所を構えて西部の仕事を請け負っていたが，ニューイングランド出身のクリーヴランドは1869年3月にシカゴに移り，そこを本拠地として活躍したからである。ハワードが住んでいた時とちょうど重なり合う時期にシカゴに住み，そこで都市づくりに関わっていた。関わったといっても，都市整備のような大きなプロジェクトは彼も提案をだすものの，より知名度の高いオルムステッドにことごとくとられてしまう。しかし，地方の地形，気候，植生を生かしながら，ローカルな自然保護の視点までもち，のちの「プレイリー・スクール」と呼ばれるランドスケープ・アーキテクチャーに続く系譜につながる思想を考えると，ハワードのガーデン・シティと対比してみることも意味あることだろう。

ボタニカル・ガーデンとしてのブールヴァール

さて，19世紀の田園墓地をまた思いだしてほしい。田園墓地は，都市公園が登場する前に公園の役割をになった画期的な公共空間であったことは既に述べた。園内には多くの記念碑や彫刻が置かれ，さながら彫刻の森美術館のようでもあった。さらに，田園墓地が成功した秘密，この公共空間が画期的であった理由は，珍しい樹木が植えられ，名札がつけられた，広大な実験植物園でもあったことだ。社会のエリート層が園芸に強い関心をもっていただけでなく，一般大衆も戸外でのレクリエーションを楽しみ始め，素人でも比較的簡単に始められる植物学への関心が高まった時代のニーズをうまく満足させるような空間だったのだ。この植物園の系譜を時代が変わりクリーヴランドのブールヴァールの考え方のなかに見ることができる。第1節で述べたように，ブールヴァールという新しいタイプの道路は，近代都市の祖型ともいえる多機能道路であり，パリで最初に造られたブールヴァールはすでに並木が形成されていた。道路に木を植える習慣は，アメリカでは田園墓地と同様の都市改革の一環としてすでに19世紀初期には行われていた。といっても，19世紀前半は都市改革というような大げさなものではなく，とくに，短期間で都市となったブーミング・タウンと呼ばれる新興都市で，飲酒など人々の道徳的荒廃を防ぐために町の美化運動，とくに道路に樹木を植える運動が個人の篤志家のリーダーシップのもとに行われることが多かった。これは，東部で急速に自然が失われていったという事実もその背景にあるのだが，町には木を植えることに違和感を感じる人々もいた。なにしろ，これまでフロンティアで自然を相手に闘ってきた世代がまだ存命していたからである。道に木を植える行為は，都市が犠牲にしたものを美しい形で記憶にとどめる記念碑建立のポーズでもあり，並木は近代都市に特徴的なひとつの鍵要素であるといえよう。また「ウィロー通り」や「チェスナット通り」「オーク通り」など植物・樹木の名前が付けられた道路を目にすることが多いが，その起源をたどってみると，田園墓地が園内の道にこのようなロマンチックな名前を採用して以来広まっていく現象であることがわかる[71)]。それまでの道路の多くはもっと機能的な名前が主流であったので，これも道路に新たな価値（非機能的な）が付加された近代都市の事例としてみることができるだろう。墓地の園路のこのような設計が公園型住宅地の原型となっていくのである。

さて，クリーヴランドのブールヴァールの案では，広幅員街路が並木道にとどまらず，「苗木場」や「実験農場」の役割まで担わされている。あらゆる種類の樹木や果樹，農作物を実験的に栽培するだけでなく，それを景観的にも魅力的に，人々の関心を引くように配置するというのだ[70)]。これはまさに「実験庭園」としての田園墓地の伝統を引き継ぐものである。クリーヴランドは池もつくって水辺の生態も観察できるように提案もしているが，これらすべての要素は田園墓地に盛り込まれており，田園墓地では灌木や池には死者の景観を象徴する意味も与えられた二重構造となっている。

しかし，西部の地に実験樹木園（アーボレイタム）や実験農園をつくることは，東部の場合と状況が異なっていた。東部は緑豊かで地形的にも変化に富んでいたのでピクチャレスクな景観はそれを生かして造り上げれば良かった。それに反して，中西部ではそのすべての要素が欠落していた。前述したように見渡す限りフラットな地形で，樹木もほとんど生えていなかった。クリーヴランドがシカゴの地でとくに力を入れたのが植樹であったこともうなずける。すべてを最初から造り上げていかなくてはならなかった[71)]。彼は，『シカゴの公共空間――それにいかに性格と表情を与えるか』という小冊子のなかで，ニューヨークとブルックリン，ボルティモアにある主要な都市公園を３例挙げ，それをシカゴに応用すべきではないと主張している。シカゴでは，東部とは異なる地形に合わせた設計がなされるべきだというのだ。まず，植樹をすることからスタートしなくてはならない。また，平らで特徴に欠ける風景のなかに，少しばかりの灌木や丘や岩さえも見いだせるような場所が未開拓のまま存在している。これが開拓の波にのみ込まれる前に，人々にとって憩いとレクリエーションの場になるように，美しくアレンジしなくてはならないと考えていた[72)]。ローカルな自然を保護する観点が含まれているのだ。田園墓地についてもいえることだが，墓地のような場所は人に疎んじられ開発の犠牲になりやすいので，永続的な存続を確実なものにするためには誰もが壊すのをはばかるような美しい場所にすべきであるという戦略がとられてきた。ランドスケープ・アーキテクトは，実利主義に打ち勝つ審美的価値を生みだす技術でもあったのだ。

話をクリーヴランドのブールヴァールにもどすと，1871 年のシカゴ大火の後，この広幅員街路にはもうひとつの役割が課せられた。それは，火事の進行を食い止めるというものである。そもそもブールヴァールやパークウェイは複数の公園を組織するパーク・システムを構築するものであり，公園を戦略的に結ぶことによって火災に強い都市づくりができると，クリーヴランドは『レイクサイド・レヴュー』紙を通じて訴えた[73)]。先に引用した回顧録のようにシカゴの大火によって「ガーデン・シティ」としてのシカゴの面影が失われたと一般的にはいわれているが，ハワードの経験を考えると，この時期にシカゴに滞在したことは都市復興を目の当たりにするまたとない機会だったのではないだろうか。ホレス・クリーヴランドをはじめ，シカゴの都市のあり方を巡って，さまざまな意見が表明されたからである。クリーヴランドは，1873 年にシカゴの出版社から『ランドスケープ・アーキテクチャーとその西部のニーズへの応用，および大草原地域の植林についての一考察』をシカゴの出版社から出版している。これをハワードがシカゴで目にした可能性は高い。このなかで，クリーヴランドは鉄道の発展によって西部が急速に変化していく様子を次のように描写している。「荒野が高度な耕作地へと急速に変化している事実を，昨年開かれた全米果樹協会の大会が如実に物語っている。この協会が初めて結成されてニューヨークで大会が行われたのはつい最近のことであるが，……当時はネブラスカなどアメリカ大砂漠の一部と思われ，耕作は不可能だと考えられていた……しかし，先回の大会で最大規模の，もっとも優れた果樹のコレクションで優勝したのはこのネブラスカだった！……このように変化があまりにも急激で大規模なので，さまざまな段階を経て未開の荒涼とした状態からすばらしい文化へと発展したことを思い出すことのできる人以外にとっては，その変化を十分に認識することすら難しい」[74]。ハワードがアメリカに滞在したのは数年であったが，その間の変化を考えると，その何倍もの年数を体験したといえないだろうか。

クリーヴランドがこの本で主張しているのは，このような急激な社会の変化にもかかわらず，タウンの発展をみてみると，政府が測量した当初の四角のレイアウト以上にはまったく前進していないという事実だった。つまり，公有地の処分のために政府が測量をして定めた測量線がそのまま通りになっているにすぎない。シティはタウンの通りをそのまま拡張しただけだというのだ。中世都市の伝統をもたないアメリカでは，近代化すべき都市の問題点は，細くくねくねとした道と込み入った貧民街ではなく，グリッドと呼ばれる碁盤の目のレイアウトなのだ。道路でさえすでに広々としていた。さらには，シカゴは何百億ドルも投じて市のまわりに公園を造ろうとしているが，これも人口密度がもっとも高い中心からかなり離れた場所になっている。このような都市改革の論拠となっているのは，オープンスペースが「都市の肺」の役割をして新鮮な空気を込み合った市街地に供給するとともに，住人の憩いの場となるというものだ。クリーヴランドは，はたしてこれがシカゴの状況に当てはまるものだろうかと疑問を発している。シカゴの通りは既に十分広く空気の循環もよい。人がごみごみと住んでいるような細い路地もない。すると，何キロも離れた公園からシカゴ市民はどのような利益を得るのだろうか。しかも，このような公園はたちまちのうちに，市街地の一部となり，周りには金持ちの家々が立ち並び，貧乏人はそのような場所には住めず，休みの日にわざわざ出かけない限りその恩恵に浴せない状況になるだろうと予測している。これは，単なる予想ではなく，すでにセントラル・パーク委員会の1872年の報告のなかで指摘された問題だった。ニューヨークのセントラル・パークは，セントラルといっても，マンハッタンの北の外れにあるために，大多数の人が住む25番街あたりの南の地域から公園まで出かけていくには時間がかかった。仕事をもつ人々は平日に出かけることは難しく，利用できる人間は退職者か，昼間に仕事から抜け出せる人に限られていると報告されている。このような状況に対するクリーヴランドの解決案は，町の中心にあるもっとも重要なビジネス街の周りに小規模な公園を複数配置し，それを広い道路あるいはブールヴァールで結ぶというものだ。その道路は，趣味よく植樹され，噴水や花壇や芸術作品で飾る。市の他の地域は，ビジネスか製造業かの特別区に指定し，同様に公園で囲み，島のようなかたちで他の地区から孤立させ，それぞれの地区からブールヴァールを通常の東西南北のグリッドの通りと対角線になるように放射線状に，他のブールヴァールとぶつかるまで延ばす。ハワードのガーデン・シティでは，セントラル・パークはニューヨークやシカゴのものと違い（シカゴの西のはずれの，ガーフィールド・パークはセントラル・パークと呼ばれていた），町の中心に配置されている。この中心の広場から一番離れている住民でも容易に行けるように，パークから端まで600ヤード（約550メートル）の距離に設計されている。また，中央広場の外縁部を広い並木道が取り囲んでおり，これが副次的な公園の役割を果たしている。このようにハワードのガーデン・シティも，公園で取り囲むことによって他から隔離された「島」をつくりだしている。ここでもまた公園からもっとも隔たったところに住んでいても，公園まで240ヤード（約220メートル）たらずであることが強調されている。また，中央広場から放射線状に走るブールヴァールも，ガーデン・シティを6つの区画に分離する役割をしている。都市の真ん中に公共の開放空間をもってくること，公園や公園道路で囲んで隔離した「島」をつくり，それを他の「島」と結ぶことなど，ハワードとクリーヴランドには共通した考え方がある。ハワードの場合は，ガーデン・シティそのものがグリーンベルトに囲まれた「島」でもある。現代都市の「楽園」もまた，島の「楽園性」をこのような形で継承している。

アメリカ合衆国におけるガーデン・シティの系譜

これまで，アメリカのガーデン・シティの系譜を検討し，それがガーデンとはほど遠い中西部の厳しい環境のなかから，水と緑の楽園への憧れとして生まれたことを論じてきた。では，1869年にアレキサンダー・T・スチュアートによって始められた東部ニューヨーク州ロングアイランドのガーデン・シティはこの系列とは無関係なのだろうか。最後にこの点を検討してみたい。

この町の建設者スチュアートは，北アイルランド生まれで，父親の死後再婚した母親とともにアメリカに移住し，ニューヨークで始めた商売が成功し，不動産にも投資して巨万の富を築いた人物である。彼は，1869年にロングアイランドに7,000エーカー（2,800ヘクタール）の土地を395,328ドルの現金で購入し，そこに高級住宅地をつくる計画を立てた。これがガーデン・シティの起源である。彼は，土地を購入すると同時に，ヴィレッジ・オヴ・ガーデン・シティを設立している。「シティ」と名づけながら，「ヴィレッジ」であるとは面白い。「ガーデン・シティ」といって緑のなかの理想郷を表しながら，実際の住宅は田舎のエステートを目指すという一ひねりした発想なのかもしれない。あるいは，ニューヨークの郊外住宅地を考えていたので，大都会の良さと田舎の良さをあわせもったイメージをアピールしたのかもしれない。当時のレイアウトを見てみると，シカゴのリヴァーサイドなどとは異なり，グリッドのパターンとなっているので，「シティ」がいずれにせよ意識下にあったのだろう。この町の中心には23エーカー（9.2ヘクタール）の公園が計画され，のちに瀟洒なホテルが建てられた。80数件の家が通り沿いに計画された。このヴィレッジの通りはとくに広々と設計され，そこに優雅な４階建てのホテル，立派な店々，瀟洒な大邸宅が建てられた。ここはアメリカのシティ・プラニングの歴史のなかでももっとも初期の計画都市であり，計画は徐々に実行されていった。しかし，ヴィレッジには人があまり移り住んでこなかった。というのも，実はこのガーデン・シティの家々はハワードのガーデン・シティのように賃貸住宅だったからである。当初は年間契約で賃貸されていた。このような方式はアメリカでは通常成功しない。スチュアート夫婦の死後，賃貸制度が廃止され，家と土地が市場にだされるや状況は一変し，ニューヨーク，ブルックリン，ロングアイランドの裕福な家族の高級リゾート地へと大きく変貌していった[75]。

では，この高級住宅地がなぜガーデン・シティと命名されたのだろうか。創設者のスチュアートが，シカゴのニックネームのガーデン・シティという音の響きが気に入り，この名を採用したという。やはり，中西部とつながっているのだ。しかも，もっと私の関心を引き付けたのは，この地がミシシッピ以東で唯一「プレイリー」と名づけられた場所である事実だ。丘も，森も，埋め立てるべき沼地すらない平坦な荒れ地としてずっと開拓されずに残っていた場所なのだ。「ヘンプステッド・プレインズ」のちょうどど真ん中に位置するのがガーデン・シティなのである。スチュアートがどのような気持ちからシカゴのガーデン・シティをこの町の名前として使ったのか，資料では明らかにならなかった。しかし，荒涼とした風景に西部の景色，さらにはアイルランドの景色を重ね合わせて「ガーデン・シティ」と命名したと考えるのは考え過ぎだろうか。

おわりに

本論を締めくくるにあたり，都市と墓地との関係について若干の補足をしたい。ハワードの「ガーデン・シティ」は墓地が設計されていないばかりか，墓地に関してはどこにおいてもまったく触れられていないことを序で述べた。また，ハワードのガーデン・シティを扱った研究書は数多くあるが，墓地に言及したものは見あたらない。そこで，ウエリン・ガーデン・シティの主任プラナーのサイモン・チーヴァース氏に問い合わせてみた。チーヴァース氏によると，やはりハワードのプランやダイアグラムに墓地に関する記述はなく，彼もそれがなぜなのか理由は分からないと言う。しかし，実際にハワードの構想に基づいて 1919 年に誕生したウエリン・ガーデン・シティでは，1922 年という早い時期に，ガーデン・シティの南に位置するハットフィールド・ハイドという小さな村の古い教会近くに造られた市営の墓地をガーデン・シティのマスター・プランのなかに取り込むかたちで，墓地が設けられた。これが60年間，ガーデン・シティ唯一の墓地であったが，年間100強の埋葬が行われた結果，収容能力の限界に達してきた。1970年代から，新しい公共墓地にふさわしい場所を探す調査が始まった。ちょうどその時期に近隣の共同墓地も満杯となってきたので，新しい墓地のニーズが高まり，ハイド墓地の南側に隣接する土地を購入して，1984年にウエリンおよびハットフィールド地区のための芝生様式（lawn style）の共同墓地が設立されたという。この芝生様式とは，火葬の遺灰を埋葬，あるいは撒くための墓地である。ウエリン・ガーデン・シティの埋葬手続きと墓地管理のホームページによると，より伝統的な墓地を好む場合には，「思い出の庭」メモリアル・ガーデンの薔薇の木の下に，遺灰を撒くことができるという[76]。エベネザー・ハワードの墓といえば，1928年5月1日のちょうどメーデーの日に息をひきとりレッチワース墓地に埋葬されている。ガーデン・シティ100周年記念行事で財団関係者とハワードの孫が設立者の墓を参拝した記事を見る限り，彼自身の性格と同様に墓も控えめで質素なもののようだ。イギリスでは，コミュニティの墓地だけでなく，設立者の死や墓にさえも必要以上の注意を払っているようには見えない。

アメリカでは死との関係はもう少し親密である。カンザスのガーデン・シティの歴史を紹介するホームページでは，「ガーデン・シティ」が初めて迎えた死者について次のような説明をおこなっている。

E・L・ワート夫人はガーデン・シティでの最初の死者を次のように記憶している。「ガーデン・シティで最初に亡くなったのは，ブラウンという男性だった。妻と赤ん坊を連れて旅をしている途中だった。ワゴンのなかで病気になり，短い間に熱に侵され死亡した。私の父がパインの粗板で男の棺をつくり，靴墨でそれを黒く塗った。今墓地があるそばの丘の上に埋葬した初めての死者となった」[77]。

最初の死者は通りすがりの旅人であったにもかかわらず，この町の設立経緯と同様にきちんと記録がなされ，ガーデン・シティの初期の歴史の一部をなす事件として語られている。このように死者は生者のコミュニティに迎え入れられ語られることによってその一部になっている。

ロングアイランドのガーデン・シティはどうだろうか。スチュアートは，ヘンプステッド村からガーデン・シティの土地を購入した1869年末には，村から1マイル南の40エーカー（16ヘクタール）の土地を墓地用地として購入している。そこはエリージャン・フィールド（エリジウムの野）ならぬ「グリーンフィールド」と名づけられた[78)]。スチュアートが最初から墓地を考えていたかどうかは不明だが，きっかけはヘンプステッド村の既存の墓地が彼のガーデン・シティの計画の障害になるので，村と交渉してその墓地をこの新たな墓地に移したというのが実情であった。墓地は常にそのような開発の犠牲となり，よく移動させられた。ガーデン・シティの区画のなかでそれ以前に埋葬されていた105の遺骨をスチュアートが費用を負担して，グリーンフィールド墓地に移した。このようなわけで，メインストリート一本から出発したカンザスのガーデン・シティとは異なり，同じゼロからの出発であってもあらかじめ入念に計画されたロングアイランドのガーデン・シティでは，最初に死者と生者の分離が行われたことは面白い。死者は生者の計画には邪魔なのである。しかし，結局のところこの町の中心を飾ることになるのは，スチュアートの遺体を納めるために妻が建造したゴシックのカセドラルであったことは大いなる皮肉である。そもそもこの町で中心となるのはパークに囲まれたホテルのはずだった。スチュアートがクエーカー教徒だったからか，教会は最初の計画には入っていなかった。この町の創造者の死によって近代的なホテルと，中世的なゴシックのカセドラルが町の中心に共存することになった。しかも，このカセドラルに祭るべきスチュアートの遺体がそこに移される前に盗まれ，懸賞金を出して遺体を取り返したものの，それが本物であったかどうかは夫人以外誰も知らないというゴシック・ロマンさながらの事件すら起こり，ゴシック教会はますます神秘のオーラを増すのである。カンザスのガーデン・シティの素性もわからない男のささやかな死とは対照的である。

ベラミーのユートピア社会では墓地はでてくるのだろうか。オールリックと異なり，ベラミーは彼の描く未来社会における死者の扱いについては何も述べていない。しかし，小説のなかでは，古いボストンがまるで墓地のように語られている。労働者が住む混沌として不潔な貧民窟を目撃した主人公ジュリアン・ウェストは，そこにいる惨めな人たちが全員死んでいることに気づき，「彼らの死体はそれだけの生きた墓であった」と述べている[79)]。何よりも重要なことは，彼が過去から未来のユートピアへと移る過程が，墓地に眠った死体が防腐処理をされて未来でふたたび蘇るイメージで語られていることだ。そもそもジュリアン・ウェストが100年もの間眠りにつくことになる地下室（oblong vault）は，まるでアーチ型の地下墓所，vaultのようである。「天井になっている板石を一枚取りのけてなかに」入ってみると，寝台の上に若い男が寝ていた。「死んで一世紀たっているにちがいない」と思われたのだが，「その肉体の異常な防腐状態」とそれを可能にした「エンバーミング（死体防腐処理）の技術の高さ」に発見者たちは驚くのである。死体に防腐処理をするエンバーミングの技術は南北戦争をきっかけに普及し，1880年代になると専門の学校もできてこれが一つの産業として確立し始めた時期である。ベラミーはおそらく，当時の広告などからアイディアを得たのではないだろうか。過去から未来への旅は，死者が「読者自身がまばたきする間に突然地球からたとえば楽園あるいは黄泉へ移された」経験になぞらえられている[80)]。ベラミーにとっての理想都市は，地上楽園か死者の楽園エリージャン・フィールドであった[81)]。過去のボストン，つまりベラミーにとっては改革すべき現在のボストンであるが，生気がなくすでに死んだもの，都市自体が大きな墓地のようなイメージで語られている。それは，輝かしい未来に正しい形で蘇るための死である。それを約束するかのように，未来の都市は，樹陰が多い広い街路や木がたくさん植えられた広い広場や，太陽の光のなかで輝く噴水など，植物と水のイメージで語られている。

そして，物語の最後は黄金の世紀の象徴でもあるようなジュリアン・ウェストの恋人（だった人の子孫）イーディスの庭で締めくくられている。

【注】

序

1）エドワード・ベラミー，山本政喜訳『顧りみれば』（岩波書店，1986年），21頁.

第1節

2）E・ハワード，長素連訳『明日の田園都市』（鹿島研究所出版会，1968年），12頁.

3）A. Bartlett Giamatti, *The Earthly Paradise and the Renaissance Epic* (New York: W. W. Norton & Company, 1966), p. 11.

4）樋口忠彦『郊外の風景――江戸から東京へ』（教育出版，2000年），88頁.

5）東秀紀他『「明日の田園都市」への誘い』（彰国社，2001年），194頁.

6）Giamatti, p. 118.

7）*Ibid.*

8）Ebenezer Howard, *Garden Cities of To-morrow* (London: Swan Sonnenschein & Co., Ltd., 1902), p. 113.

9）田園墓地の説明に関しては，拙著，黒沢眞里子『アメリカ田園墓地の研究――生と死の景観論』（玉川大学出版部，2000年）を参照されたい。

10）ベラミー，149-50頁.

11）"Preliminary Report upon the Proposed Suburban Village at Riverside, Near Chicago, by Olmsted, Vaux, & Co., Landscape Architects," 1868.

12）Robert Beevers, *The Garden City Utopia: A Critical Biography of Ebenezer Howard* (Oxford: Olivia Press, 1988), p. 10.

13）W. A. Eden, "Ebenezer Howard and the Garden City Movement," *The Town Planning Review*, vol. XIX, no. 3 & 4, Summer 1947, p. 125.

14）ハワード，102頁.

15）Stephen Nissenbaum, *Sex, Diet, and Debility in Jacksonian America* (Chicago: The Dorsey Press, 1980), p. 8.

16）ハワード，102頁.

17）オギュスタン・ベルク，篠田勝英訳『日本の風景・西欧の景観』（講談社，1990年），111頁.

18）フリードリヒ・エンゲルス，全集刊行委員会訳『イギリスにおける労働者階級の状態』1（大月書店，1981年），86頁.

19）黒沢眞里子「19世紀後半における田園墓地の西部への進出」,『専修人文論集』第72号, 2003年3月を参照されたい。
20）Thomas A. P. van Leeuwen, *The Springboard in the Pond: An Intimate History of the Swimming Pool*（Cambridge: The MIT Press, 1998）, p. 44.
21）Prue Williams, *Victoria Baths: Manchester's Water Palace*（Reading: Spire Books Ltd., 2004）, p. 26.
22）川崎寿彦『楽園のイングランド――パラダイスのパラダイム』（河出書房新社, 1991年）, 150頁.
23）J. R. Piggott, *Palace of the People: The Crystal Palace at Sydenham 1854-1936*（Madison: University of Wisconsin Press, 2004）, pp. 57-9.
24）L・マンフォード, 磯村英一監訳『多層空間都市――アメリカに見るその明暗と未来』（ぺりかん社, 1970年）, 184頁.
25）Mona Domosh, *Invented Cities: The Creation of Landscape in Nineteenth-Century New York and Boston*（New Haven: Yale University Press, 1998）, p. 38.
26）石井幹子『都市と緑地――新しい都市環境の創造に向けて』（岩波書店, 2002年）, 35頁.
27）ハワード, 136頁.
28）Tristram Hunt, *Building Jerusalem: The Rise and Fall of the Victorian City*（London: Phoenix, 2005）, p. 430.
29）*Ibid.*, p. 423に引用。

第2節
30）ハワード, 38-9頁.
31）*Ibid.*, 5頁.
32）William Cronon, *Nature's Metropolis: Chicago and the Great West*（New York: W. W. Norton & Company, 1991）, p. 214.
33）H・N・スミス, 永原誠訳『ヴァージンランド――象徴と神話の西部』（研究社, 1971年）, 221～22頁.
34）土地均分論的ユートピアの挫折については同書234～240頁で説明されている。
35）Kermit C. Parsons and David Schuyler ed., *The Legacy of Ebenezer Howard: From Garden City to Green City*（Baltimore: The Johns Hopkins University Press, 2002）, p. 4.
36）オールリックの簡単な伝記をRoger Grant, "Henry Olerich and the Utopian Ideal," *Nebraska History*, vol. 56, no. 2, Summer 1975を参照にして紹介したい。彼は, 1851年12月14日, ウィスコンシン州のヘーゼル・グリーンで生まれる。両親はその3年前にドイツからアメリカに移民してきた,「貧しく, 字は読めず, 強い宗教心をもち, 勤勉できわめて迷信深い人たち」だった。ウィスコンシンでの苦しい生活と,母親が12番目の子の出産の直後死亡したことをきっかけに，家族はアイオワ州西部のキャロル・カウンティに移る。そこで，オールリックはさまざまな仕事についた。農業をしたり，妻とホテルを経営したりし，またシカゴ・アンド・ノースウエスタン鉄道のブレダ駅の駅長と電信係など多種多様な仕事を経験した。24歳で教師の仕事も始めている。正規の教育は受けず独学で教師や管理職のポストを得た。43歳で弁護士の試験に受かり，一時弁護士をしていたこともある。このような経歴から，エンジニアから法律まで独学で幅広く学び技術を身につけた独立独歩の「セルフ・メイドマン」の姿が知れる。この独学のなかで，どうも社会改革のヴィジョンを得ていったようだ。彼の中心的な考え方は，ビジネスの独占，「トラスト」への不信であり，それは個人主義を阻むばかりか，労働者，農民，消費者すべてを搾取するものであるというものだった。そこで，彼が提唱したのは，鉄道，電信，その他の独占公共事業を万人の利益のために国営にすべきだという考えだった。ハワードのように，オールリックはこの改革のヴィジョンを政治の世界ではなく，ユートピア小説・エッセイを通じて発表することが変化を促すより良い方法と信じ実行した。オールリックも改革に対してハワードに負けず行動の人であったが，ハワードの上を行くユニークな実験も行った。8ヶ月の赤子を養女にし，彼女に特別の教育・訓練を与える実験を行ったのだ。このヴィオラという幼女は，すらすらと本が読め，タイプライターが打てるなど才能を発揮し，たちまちのうちに有名人となるのだが，実際の教育の場ではこのユニークな実験も認められることはなかった。最終的に彼は教育現場を去り，オマハのユニオン・パシフィック鉄道のハンド・ドリル・プレス技師となり，退職までここの仕事にとどまる。社会改革派のオールリックは，退職後農作業用の汎用トラクターを発明し，製造している。この点も，ハワードが速記の機械の改良に情熱を燃やしたなど機械的な発明の才能をもっていたことと共通している。彼のユートピア小説が過ぎ去った過去を嘆く感傷的ノルタルジア小説ではなく，技術によって理想郷を構築する実際的提案であったことのひとつの理由である。

37）Henry Olerich, *A Cityless and Countryless World* (1893, reprint, New York: Arno Press & The New York Times, 1971), p. 114.

38）*Ibid.*, pp. 390-2.

39）*Ibid.*, p. 127.

40）*Ibid.*, p. 93.

41）*Ibid.*

42）ハワード，20頁.

43）Olerich, p. 116.

44）"Preliminary Report upon the Proposed Suburban Village at Riverside, Near Chicago, by Olmsted, Vaux, & Co., Landscape Architects."

45）Olerich, p. 387.

46）黒沢『アメリカ田園墓地の研究』，237頁.

47）*Park and Cemetery*, September, 1919, p. 181に掲載されたTarviaの広告.

48) Gunther Barth, *Fleeting Moment: Nature and Culture in American History* (New York: Oxford University Press, 1990), p. 141.
49) Olerich, pp. 432-9.
50) フィリップ・アリエス，伊藤晃・成瀬駒男訳『死と歴史――西欧中世から現代へ』(みすず書房，1985 年)，p. 76.
51) 黒沢眞里子「葬儀文化の変遷――アメリカン・ウェイ・オヴ・デスの出現」，君塚淳一監修『アメリカ 1920 年代――ローリング・トウェンティーズの光と影』(金星堂，2004 年)，76-88 頁を参照されたい。
52) Geoffrey Gorer, *Death, Grief, and Mourning* (New York: Doubleday & Company, 1965)
53) Grant, p. 254.
54) Holly Hope, *Garden City: Dreams in a Kansas Town* (Norman: University of Oklahoma Press, 1988), p. 10.
55) *Ibid.*, p. 11.
56) インターネット「フィニー・カウンティ歴史協会ホームページ」(http://www.finneycounty.org/garden/) (10.17.06)
57) *Ibid.*
58) コロラド州在住の Jean Sackett さんの話。
59) Hope, p. 11.
60) *Ibid.*
61) *Ibid.*, p. 12.
62) *Ibid.*, p. 15.
63) *Ibid.*, p. 16.
64) *Official Illustration of the St. Louis Zoological Park, St. Louis* (The Zoological Society of St. Louis, 1926) p. 5.
65) Frederick Francis Cook, *Bygone Days in Chicago: Recollections of the "Garden City" of the Sixties* (Chicago: A. C. McClurg & Co., 1910), p. 178.
66) "Preliminary Report upon the Proposed Suburban Village at Riverside, Near Chicago, by Olmsted, Vaux, & Co., Landscape Architects."
67) Walter L. Creese, *The Crowning of the American Landscape: Eight Great Spaces and Their Buildings* (Princeton: Princeton University Press, 1985), p. 208.
68) *Ibid.*, p. 207.
69) William H. Tishler ed., *Midwestern Landscape Architecture* (Urbana: University of Illinois Press, 2000), p. 27.
71) John F. Sears, *Sacred Places: American Tourist Attractions in the Nineteenth Century* (New York: Oxford University Press, 1989), p. 105.
70) Tishler, p. 28.

71) *Ibid.*, p. 30.
72) *Ibid.*
73) *Ibid.*, p. 32.
74) H. W. S. Cleveland, *Landscape Architecture As Applied to the Wants of the West* (1873, reprint Amherst: University of Massachusetts Press, 2002), pp. 32-3.
75) M. H. Smith, *Garden City, Long Island in Early Photographs, 1869-1919* (New York: Dover Publications, Inc., 1987), pp. v-viii.

おわりに

76) Burial Registration and Cemetery Management のホームページ http://www.welhat.gov.uk/communityliving/deathsfuneralscremations/burialregistrationandcemeterymanagement (11.26.06)
77) (カンザス州) ガーデン・シティの歴史を述べたホームページ http://www.gardencity.net/info/history/garden (11.25.06)
78) Vincent F. Seyfried, *The Founding of Garden City: 1869-1893* (Long Island: Salisbury Printers, 1969), p. 9.
79) ベラミー, p. 314.
80) *Ibid.*, p. 42.
81) *Ibid.*, p. 39.

執筆者紹介（掲載順）

黒田彰三（くろだ・しょうぞう）

［**現職**］専修大学教授。［**専門**］都市経済論。

［**著書等**］『地域・都市分析と経済立地論』（大明堂，1996 年）。アラン W・エヴァンス著『都市の立地と経済』（訳書，大明堂，1986 年）。『英国の「タウンプラニング」と日本の「都市計画」』（専修大学社会科学研究所月報 422 号，平成 10 年 9 月）。

David Foot

［**職歴**］Lecturer, Geography Department of Reading University, UK. Visiting Professor at Senshu University, Tokyo (during the first Semester of 2003 and 2005).

［**専門**］Economics, Statistics, Town Planning (especially transport, retailing, urban development and urban modelling).

［**著書**］*Operational Urban Models*（青山吉隆他訳『都市モデル――手法と応用』丸善，1984 年）。

徳田賢二（とくだ・けんじ）

［**現職**］専修大学経済学部教授。［**専門**］地域経済論，流通経済論。

［**著書**］『日本の企業立地・地域開発』（東洋経済新報社，1987 年）。『地域経済ビッグバン』（東洋経済新報社，1998 年）。『流通経済入門』（日本経済新聞社，1982 年）。『おまけより割引してほしい――値ごろ感の経済心理学』（筑摩書房，2006 年）。

佐藤俊雄（さとう・としお）

［**現職**］日本大学商学部教授。理学博士。［**専門**］経済地理学（地域経営論），マーケティング地理学。

［**著書**］J. A. ドーソン著『ショッピング・センター』（訳書，白桃書房，1987 年）。A. マシーソン & G. ウォール著『観光のクロス・インパクト』（監訳，大明堂，1990 年）。『経済空間の普遍性と固有性』（中央経済社，1995 年）。『マーケティング地理学』（同文舘，1998 年）。

Marco Amati

［**現職**］Massey University (N.Z.) Lecturer. ［**学位**］BSc. (Hons.) Environmental Sciences 2:1, University of Leeds (UK). MSc. Environmental Sciences, University of Dublin (EI). PhD Planning and Policy Sciences, University of Tsukuba (J).

［**専門**］Natural resources planning. Green belts and urban form. Land rights, planning and how they impinge on democracy. Planning in Japan. Comparative planning theory.

坂井文（さかい・あや）

［**現職**］北海道大学大学院工学研究科助教授。Ph. D.。一級建築士。［**専門**］都市計画，ランドスケープ。

［**主要業績**］平成17年度都市計画学会奨励賞受賞。ササキ・アソシエイツ（米国・ボストン），JR東日本に勤務。

［**著書等**］『英国の庭園』（共著，インタラクション，2007年）。“Open Spaces and the Modern Metropolis: Evolution and Preservation in London and Tokyo (c.1830-1930)”（ロンドン大学博士論文）。「ロンドンのラッセルスクエアー再生事業にみる都市公共オープンスペースの再生」（ランドスケープ研究69巻5号，2005年）。「都市中心部における小規模オープンスペースの確保に関する歴史的研究――ロンドン・スクエアー保護法成立の背景」（都市計画論文集38巻3号，2003年）。

黒沢眞里子（くろさわ・まりこ）

［**現職**］専修大学文学部助教授。学術博士。［**専門**］アメリカ研究（アメリカの墓地，葬儀，死生観の歴史的・社会的・文化的研究）。

［**著書**］『アメリカ田園墓地の研究――生と死の景観論』（玉川大学出版部，2000年，2000年度アメリカ学会「清水博」賞受賞）。『21世紀アメリカ社会を知るための67章』（共著，明石書店，2002年）。『アメリカ1920年代――ローリング・トウェンティーズの光と影』（共著，金星堂，2004年）。バーバラ・ノヴァック著『自然と文化――アメリカの風景と絵画1825-1875』（訳書，玉川大学出版部，2000年）。

専修大学社会科学研究所　社会科学研究叢書 9

都市空間の再構成

2007 年 3 月 30 日　第 1 版第 1 刷

編著者　黒田　彰三

発行者　原田　敏行

発行所　専修大学出版局

〒101-0051　東京都千代田区神田神保町 3-8-3

㈱専大センチュリー内

電話　03-3263-4230 ㈹

組　版　木下正之

印　刷
製　本　電算印刷株式会社

ISBN 978-4-88125-195-9